陪孩子玩转
科学小实验

精 境/著

U0391420

SPM

南方出版传媒

广东经济出版社

·广州·

图书在版编目（CIP）数据

陪孩子玩转科学小实验/精境著. —广州：广东经济出版社，2018.1
ISBN 978-7-5454-5905-0

Ⅰ.①陪… Ⅱ.①精… Ⅲ.①科学实验－儿童读物 Ⅳ.①N33-49

中国版本图书馆CIP数据核字（2017）第273163号

出 版 人：姚丹林
责任编辑：易　伦　甘雪峰
责任技编：许伟斌
装帧设计：李　尘

陪孩子玩转科学小实验
PEIHAIZIWANZHUANKEXUEXIAOSHIYAN

出版发行	广东经济出版社（广州市环市东路水荫路11号11~12楼）
经销	全国新华书店
印刷	北京联兴盛业印刷股份有限公司（北京市大兴区春林大街16号1幢等2幢）
开本	880毫米×1230毫米　1/32
印张	8.5
字数	204 000
版次	2018年1月第1版
印次	2018年1月第1次
书号	ISBN 978-7-5454-5905-0
定价	45.00元

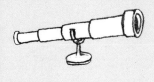

在生活中，你是不是也常常遇到过一些令人费解的问题？比如：天上的彩虹是怎么出现的？飞机是怎么飞起来的？下雨天为什么会打雷？青蛙为什么会冬眠？这些现象的背后，都隐藏着一定的科学道理，要了解这些道理，就一定要通过实验获得知识。

21世纪，考验的是孩子们的动手能力，动手能力强的孩子，将会拥有更宽广的未来。在编著本书时，我们按照实验对象的种类，将其分为光影小实验、声音小实验、电磁小实验、空气小实验、水的小实验、动物小实验和植物小实验，涵盖了日常生活中的各个方面。

在书中，我们为每一个科学知识制定了最简单、最能体现其科学原理的实验步骤及方法，并选用生活中随处可见的材料，以便家长和小朋友们能一起亲自动手进行实验。同时，配上精美小插图，为阅读和实验过程增添了更多趣味，以达到寓教于乐的效果。

　　小实验做完以后，书中还会对其中的原理进行简明的讲解和总结，使小朋友们不仅能通过小实验对科学知识有更直观更生动的感受，还能举一反三掌握其中的科学原理。

　　相信这本书一定会成为小朋友们学习科学知识的好伙伴！

目 录 Contents

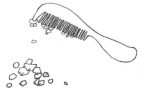

PART
04

空气
小实验

~113~

PART
07

植物
小实验

~227~

PART 01

光影
小实验

阳光下的影子是怎么产生的?

你见过自己的影子吗? 你在什么时候见过自己的影子呢? 一天中, 阳光下的影子有变化吗? 是怎样变化的呢?

材料准备

手电筒1只、不透明的杯子1个、粉笔1根

实 验 步 骤 >>>>>>

第一步: 将杯子放在桌子上。

第二步: 打开手电筒, 用手电筒的光照射杯子, 看看是不是出现了杯子的影子。

第三步: 将手电筒平放在桌子上, 照射杯子, 仔细观察影子的变化。

第四步: 拿起手电筒, 继续照射杯子, 慢慢改变手电筒的照射角度, 同时观察影子的变化。

第五步: 慢慢将手电筒移到杯子正上方, 从上方垂直照射, 看看杯子的影子面积有多大。

 想一想

1.移动一下杯子，看看影子会跟着杯子移动吗？

_____

2.影子的长短和光线照射的角度有什么关系？

_____

实验 大 揭秘

影子是我们再熟悉不过的老朋友了，有一个成语叫"形影不离"，就是借用人和影子的关系，来形容两个人之间关系很好、很亲密。如果有两个小朋友的关系非常好，经常在一块儿玩耍、学习，那么我们就说他们俩是形影不离的好朋友。

在太阳光或灯光下，人们的身旁总是紧随着一个黑黑的影子。它就像一个或大或小的尾巴，紧紧地跟着我们。其实，不仅仅人有影子，其他一些物品在阳光下也会产生影子，而且随着光源与物品位置的变化，物品影子的大小也会不断地变化。

那么，影子到底是从哪里来的呢？

在空气中（严格来说是在均匀的介质中），阳光是沿直线传播的，如果中间出现了障碍物，光线就会被挡住。阳光过不去，自然就变得比较黑暗了，被挡住的部分就形成了影子。比如，我们站在太阳光下，我们的身体会阻挡一部分阳光，于是就形成了影子。

现在你明白为什么我们会有影子了吧。

另外，通过实验，我们还会发现：影子的长短和光线照射的角度

有关系，当光线从杯子的正上方垂直照射下来时，影子的长度最短；当光线与桌面平行照射时，杯子的影子最长。

在阳光下，人的影子也会随着太阳光方向的变化而变化。日出时，太阳在东边，影子就在西边，很大；正午时，太阳正当空，影子很小；日落时，太阳在西边，影子在东边，也很大。

为什么影子会出现这些变化呢？这是由于早晚太阳光是斜着照射在人身上的，这样光线被人体挡住的面积大（从头到脚），形成的影子面积就很大；而中午的时候，太阳光直射在人的头顶上，光线被挡住的面积小，形成的影子面积就很小。

在生活中，影子常常可以帮上我们的忙，比如：在烈日炎炎的夏天，人们在马路上行走或骑车时需要树荫的蔽护；晚上在灯光下，通过摆出各种各样的手势，在墙上映出狗、兔子、蛇等各种栩栩如生的动物形象，给生活增添快乐。

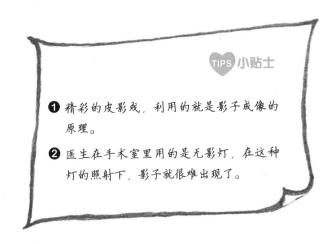

TIPS 小贴士

❶ 精彩的皮影戏，利用的就是影子成像的原理。

❷ 医生在手术室里用的是无影灯，在这种灯的照射下，影子就很难出现了。

太阳光是什么颜色的?

我们平常见到的太阳光是什么颜色的？就是我们肉眼见到的白色或橙色吗？

 材料准备

镜子1块、塑料盆1只、三棱镜1块

实 验 步 骤 >>>>>

第一步：站在阳光下，用镜子将阳光反射到墙上，看看反射出来的阳光是什么颜色。

第二步：在塑料盆里放入半盆清水，并且将盆放在阳光下。

第三步：将镜子放在水里，并将阳光反射到墙上，看看反射出来的阳光是什么颜色。

第四步：把镜子从水里取出，在没有水的条件下反射阳光，看看阳光的颜色有什么变化。

第五步：将三棱镜放在阳光下，观察阳光经过三棱镜的折射，颜色、位置及形态的变化。

第六步：同时进行第三步和第五步，对比一下结果，看看反射出来的光线有什么不同。

 想一想

1.你知道几种颜色的名称？
_____

2.为什么太阳光看起来是白色的？
_____

实验大揭秘

太阳是离地球最近的一颗恒星，地球围绕着太阳旋转。什么是恒星呢？恒星就是能够自己发光的天体。太阳就像一个大火球，一刻不停地燃烧着，释放出耀眼的光芒。光的传播速度是30万公里/秒，而太阳光到达地球的时间是8分19秒，它要穿过地球外围厚厚的大气层。

我们平时看到的太阳光有时是白色的，有时也会变成橙色或红色的，这是为什么呢？

实验可以告诉我们，太阳光既不是白色的，也不是橙色或红色的，它包含的东西很复杂，单从颜色上说，就可以分为红、橙、黄、绿、青、蓝、紫七种单色光。只有当这七种单色光带一齐出现时，太阳光看上去才是白色的。而我们之所以会看到橙色或红色的太阳光，就是因为有些单色光没有传播到我们的眼里。大家知道，地球外围有一层厚厚的大气层，厚度大概有数千米，太阳辐射要到达地球表面，必须先要穿过这厚厚的大气层。大气层中有很多小杂质，例如空气分子、微小的尘埃和小水滴等，这些物质会散射太阳光，使一部分太阳光散开，或者将它反射回太空。

在太阳光的组成中，这七种颜色的光线有不同的特性。例如黄、绿、蓝、青、紫这几种光带的性格比较"温和"，碰到空气中的尘埃和水滴，就被阻挡住了。大气层越厚、大气层中的尘埃和水滴越多，这些光线就被阻挡得越多。

　　相比之下，红色和橙色光带的性格就比较"暴躁"了，它们能够冲破大气层中这些障碍物，照射到地球上来。我们知道，早晚的时候，太阳光是斜射在地面上的，这时，太阳高度角在一天中最小，太阳辐射经过大气层的路程最长。

　　也就是说，太阳光要经过更长的路才能到达地面，一路上黄、绿、青、蓝、紫这几种光线几乎都给阻挡了，剩下来的只有红和橙，所以这时的太阳光就偏红色或偏橙色。

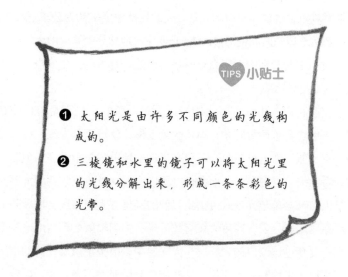

TIPS 小贴士

❶ 太阳光是由许多不同颜色的光线构成的。

❷ 三棱镜和水里的镜子可以将太阳光里的光线分解出来，形成一条条彩色的光带。

月食和日食是怎样形成的?

月亮总在夜晚出现，用皎洁的光辉照亮大地，但是月亮的形状并不是一成不变的，有时是满月，有时是弯月，有时则没有月亮，这是为什么呢?

 材料准备

电灯1盏、乒乓球1个、足球或篮球1只

实 验 步 骤 >>>>>

第一步：点亮灯泡，放在桌子上，模拟太阳。

第二步：将足球放在桌子上，模拟地球。

第三步：用手拿着乒乓球，模拟月亮。

第四步：使足球围绕点亮的灯泡运动，乒乓球围绕足球运动，观察足球、乒乓球各自被对方的黑影遮挡的情况。

第五步：当乒乓球、灯泡、足球三者处在同一直线上时，足球上的某一部分被乒乓球的黑影挡住，这种情况相当于日食。

第六步：当灯光射向乒乓球的光全部或部分被足球挡住，这种情况相当于月食。全部挡住是月全食，部分挡住是月偏食。

 想一想

1.做完实验之后,你能描述一下日食和月食的发生过程吗?

_____

2.根据实验,用笔画出日食、月食时,太阳、地球和月亮之间的位置示意图。

_____

实验大揭秘

在远古时代,科学技术还十分落后,对于很多天体现象,人类只能观测,无法做出合理的解释。人们不知道太阳和月亮是从哪里来的,也无法解释它们的东升西落,更无法解释日食和月食了。于是,人类创造出了许多神话传说。人们认为,太阳和月亮都是由天神掌管的,而日食和月食则是天神导致的。

"天狗食月"是中国古代家喻户晓的故事,说的就是月食发生的过程。传说古代有一个叫目连的人,他为人善良,孝顺母亲。但是他的母亲却生性暴戾,喜欢作恶。有一天,他的母亲违反了天条,被天上的玉帝知道了,玉帝把她打入地狱,整日遭受痛苦。目连不忍心看着母亲受苦,就用禅杖打破了地狱之门,放跑了母亲。

目连的母亲逃出来以后,内心充满了对玉帝的愤恨,于是她变成一条天狗,飞上天庭找玉帝算账。一路之上,她把太阳和月亮都吞进了肚子里,让世界变得一片黑暗。但是她也有缺点,她最害怕锣鼓和鞭炮的声音。所以,每当出现日食和月食的时候,人们都要敲锣打鼓、燃放鞭炮,迫使目连的母亲把吞下去的月亮和太阳吐出来。

后来,人们通过科学研究,逐渐发现日食和月食只是一种科学现

象，跟神仙和妖怪没有任何关系。日食、月食并不神秘，它们只是一种普通的自然现象，而这种自然现象是因地球和月球公转运动产生的。

我们的地球位于太阳系，和土星、木星、水星等星体一起围绕着太阳旋转。月球是地球的卫星，和地球一起绕着太阳旋转。当月亮、地球和太阳三者成一条直线时，就有可能发生日食和月食。

月亮和地球都不发光，它们是靠太阳光照亮的，在太阳照耀下，月亮和地球的后面拖着一条长长的黑影子。当月亮转到太阳和地球之间时，太阳、月亮和地球几乎成一条直线，月亮的长长的影子就落到地球上，在地球上形成一块阴影区域。在这块区域里的人看起来，太阳被月亮遮住了，就发生了日食。

当地球转到太阳和月亮之间时，太阳、地球和月亮几乎成一条直线，地球的影子落到月亮上，使得太阳光无法照射到月亮上，于是便形成了月食。月食可分为月偏食、月全食及半影月食三种，而日食可以分为日偏食、日全食、日环食、全环食四种。观测日食时不能直视太阳，否则会造成短暂性失明，严重时甚至会造成永久性失明。

 TIPS 小贴士

❶ 在同一均匀介质中，光是沿直线传播的，遇到阻碍时便会出现影子。

❷ 发生月全食时，月亮可能并不会消失，而是会变成"红月亮"，这是因为太阳光中的红光波长较长，不容易被地球大气层散射，仍然会投射到月亮上，形成一种类似于红铜色的颜色。

潜望镜是怎么做出来的?

蔚蓝的大海一望无际,海鸟在天空飞翔,这时从水里悄悄地露出了一双"眼睛",它是什么呢?

 材料准备

硬纸板2块、美工刀1把、剪刀1把、透明胶带1卷、平面镜片1块

实 验 步 骤 >>>>>

第一步:用硬纸片做两个直角弯头圆筒,直径比小镜子稍大。

第二步:在纸筒的两个直角处各开一个45度角的斜口。

第三步:将两面小镜子相对插入斜口内,用纸条粘好。

第四步:把两个直角筒套在一起,即成一个简单的潜望镜。

第五步:调整一下上面那个直筒的角度,看看是否能够看见其他方向的东西。

想一想

1.潜望镜能够发挥什么作用？

_____

2.为什么人们把这种装置叫作"潜望镜"？

_____

实验大揭秘

平面镜可用于成像和改变光路，而潜望镜则利用平面镜的特点，对平面镜的功能进行了延伸。比如在井口安置一块平面镜，只要随时调整平面镜的角度，就可以使斜射的太阳光竖直向下照亮很深的井底。再比如汽车驾驶室的两侧都装有平面镜（或凸面镜），使司机不需回头就能看到车后的情景，以利安全驾驶。在十字路口或公路拐弯处常立有一块平面镜(或凸面镜)，向东开的汽车司机可以从镜中看清有没有由南往北或由北往南的汽车，以利行车安全。

最简单的潜望镜是由两块平面镜片和一根管子组成的，两块镜子互相平行，这样一来，外面的光线照射到第一块镜片上以后，就可以反射到第二块镜片上，然后传递到我们的眼睛里，我们就能看见外面的景象了。

为了更清楚地进行观察，有些潜望镜已经把平面镜换成直角棱镜了。

很早以前，人们就已经根据潜望镜的原理做出简单的装置了，例如成书于汉朝的名著《淮南子》中就有类似的记载："取大镜高悬，置水盆于其下，则见四邻矣。"古人把一块大镜子悬吊起来，然后在下面放置一盆清水，就可以将附近的情形尽收眼底了。

现代意义上的潜望镜，发明于20世纪初。这些潜望镜大多应用于军事上，譬如潜水艇里面就少不了潜望镜，潜水艇艇员躲在水下，通过潜望镜就可以看到水面上是否有敌人，或者水面上是否有异常情况了。驾驶坦克的战士们也要使用潜望镜，他们躲在厚厚的钢甲里面，避免受到枪林弹雨的伤害，这时就需要使用潜望镜来帮助自己观察战场的情况了。躲在战壕里的士兵，有时也会用潜望镜观察敌情。

不过，传统的潜望镜有两个很大的缺点：首先，在使用条件上有许多限制，例如，晚上光线昏暗，照明条件较差，光凭肉眼很难看清；其次，潜望镜的体积太大，使用起来很不方便。

后来，人们不断对潜望镜进行改进，加上了微光夜视、红外热成像、激光测距等技术，甚至使用潜艇无人机取代传统的潜望镜。

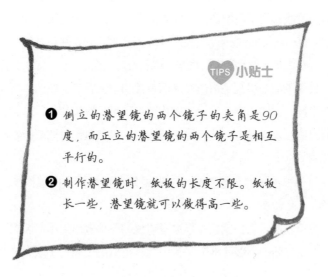

TIPS 小贴士

❶ 倒立的潜望镜的两个镜子的夹角是90度，而正立的潜望镜的两个镜子是相互平行的。

❷ 制作潜望镜时，纸板的长度不限。纸板长一些，潜望镜就可以做得高一些。

可以用水做个放大镜吗？

使用生活中的常见物品，亲自动手制作一个"放大镜"，看看你做的放大镜能不能用。

材料准备

透明玻璃水杯2只、清水适量、报纸1张、橡皮筋2根、剪刀1把、塑料保鲜膜少许

实 验 步 骤 ﹥﹥﹥﹥﹥

第一步：拿出保鲜膜，用剪刀剪出大小15厘米见方的四块。

第二步：将一块保鲜膜覆盖在玻璃杯上，用手指压一下，形成一个2厘米深的凹陷区，注意不要捅破保鲜膜。

第三步：手指捏住保鲜膜的四角，然后在保鲜膜上倒入清水，清水的高度与玻璃杯口持平。

第四步：用另一块保鲜膜盖住清水，然后将四周多出的保鲜膜覆盖到杯壁上，再用橡皮筋捆住，防止保鲜膜掉下来。

第五步：把玻璃杯放在报纸上，透过水去看报纸上的文字，看文字是不是变大了？

第六步：按照上面的步骤再做一个，这一次把保鲜膜的凹陷区调整为3厘米深。对比一下，看看哪个杯子的放大效果更明显。

 想一想

1.放大镜的"放大效果"是由什么决定的？

_____

2.除了放大镜以外，世界上有没有"缩小镜"呢？

_____

实验大揭秘

放大镜的表面是凸出来的，所以也叫作凸面镜。放大镜可以汇聚光线，这些光线通过放大镜的时候，方向会发生改变，最后集中在一点上，这就是放大镜的焦点。焦点与放大镜中心的距离，就是焦距。使用放大镜时，是把物体放在焦距以内，这时通过凸透镜看到的便是物体放大的虚像，而且放大镜离物体越远，虚像越大。

早在公元前2世纪的汉朝，中国就已经有人用自己的方法尝试着做"放大镜"了。当时的人们把冰块磨成凸透镜的形状，用它来汇聚太阳光，生火取暖。在平时，冰和火是两个不相容的物质，但是把冰块做成凸透镜后，冰块却可以用来取火，这真是太有趣了。

在医院里，医生使用的光学显微镜，里面就有好多块透镜。和普通的放大镜相比，显微镜的能力可大啦！显微镜是人类历史上最伟大的发明之一。在显微镜发明出来之前，人类只能用肉眼去观察事物，或者手拿放大镜去观察，这样的观察方式取得的效果很差。

显微镜发明之后，人们才能看见很多细微的东西，比如细菌和细胞。直到现在，人们仍然在使用显微镜，科学家们用它来发现新物

种，医生们用它来帮助治疗疾病。

　　我们的实验是用水和保鲜膜做成一个凸透镜的形状，虽然看起来比较粗糙，但是和放大镜的原理是一样的。

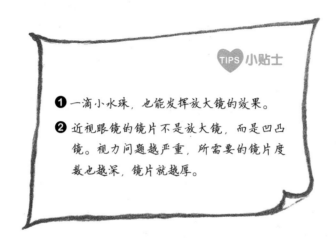

❤ TIPS 小贴士

❶ 一滴小水珠，也能发挥放大镜的效果。

❷ 近视眼镜的镜片不是放大镜，而是凹凸镜。视力问题越严重，所需要的镜片度数也越深，镜片就越厚。

为什么手指看起来变多了？

正常情况下，我们的双手各有五根手指，但是在某些条件下，手指看起来却"变多"了，你知道是怎么回事吗？

材料准备

电脑显示器1台、日光灯1盏、铅笔1支

实验步骤 >>>>>

第一步：找一间光线较暗的房子，关闭门窗，使整间屋子处于黑暗之中。

第二步：打开电脑，让显示器成为房间里唯一照明源。张开手指，在电脑屏幕前快速晃动。看手指的影子是否变多了？

第三步：加快手指的晃动速度，有没有发现手指的影子变多了？可能是7个，也可能是10个。手掌晃得越快，影子的数目越多。

第四步：打开日光灯，以墙壁为背景，晃动你的手指，看看是否有同样的效果。

第五步：手持细木棍，快速晃动，看木棍的影子是否也变多了。

 想一想

1.如果把手指和木棍换成其他物品，产生的影子会增多吗？

2.在阳光或白炽灯下再做一遍实验，看看是否有相同的效果。

实验大揭秘

如果家里有日光灯，你不妨仔细观察一下，盯着灯光看一分钟，你会发现灯光有时会发生轻微的闪烁。但是将目光挪开以后，却又感觉不到灯光的闪烁，这是为什么呢？

这就涉及物理学上的一个概念，叫作"临界闪烁频率"。光对眼睛有一定的刺激，当光消失的瞬间，我们的眼睛不会立即反应过来，而是要维持若干时间，当刺激停止后所留下来的感觉，人们称之为视觉后像或视觉残留。当光的闪烁频率超过45.8Hz（即闪烁周期低于20.62ms）时，人眼就感觉不到闪烁了。

对于一个亮的和一个暗的时相组成的一个周期的断续光，当频率低时，观察者看到的是一系列的闪光；当频率增加时，变为粗闪、细闪；直到闪烁频率增加到某一频率值，人眼看到的就不再是闪光，而是一种固定或连续的光。这个频率就叫作闪烁融合频率或临界闪烁频率，简称CFF，是人眼对光刺激时间分辨能力的指标。

和日光灯、电脑显示屏相比，太阳时时刻刻都在发出光线，因为太阳上面时时刻刻都在发生核聚变，所以它的发光频率几乎快到无法估算。而且，太阳的体积比地球大得多，发光的面积很大，光线透过地球的大气层时，就不会像星光那样闪烁。所以，对于人类来说，我们看到的阳光是十分均匀的，不会产生闪烁的感觉。

　　平时，我们在日光灯下看书的时候，几乎不能察觉灯光在闪烁，这是因为人的眼睛有视觉暂留，我们看到的东西可以在眼睛的视网膜上保留0.1秒左右，而日光灯的闪烁频率很高。在灯光闪烁的一瞬间，我们的视网膜上还保留着之前的影像，直到闪烁完成以后，新的影像又进入眼睛，所以我们感觉看到的影像是连续的，中间并没有被打断，也就感受不到灯光的闪烁了。

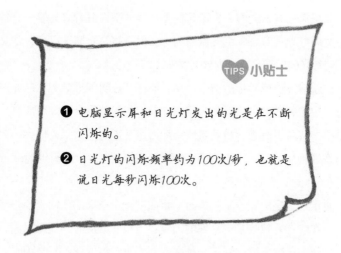

TIPS 小贴士

❶ 电脑显示屏和日光灯发出的光是在不断闪烁的。

❷ 日光灯的闪烁频率约为100次/秒，也就是说日光每秒闪烁100次。

为什么硬币看着更浅了？

在水塘边玩耍时，看着清澈的河水，你是不是感觉河水很浅呢？仿佛一伸手就能触到水底，然而，河水比你想象的要深得多。

 材料准备

硬币1枚、透明玻璃杯1只

实 验 步 骤 >>>>>

第一步：将玻璃杯装满水，放在桌子上。

第二步：将硬币投入装水的玻璃杯内，然后进行观察。

第三步：从水杯的侧面观察，看看硬币距离水面有多远，在心里默默记下。

第四步：从水杯正上方观察，看看硬币距离水面有多远。

第五步：从水杯的斜上方观察，看看硬币距离水面有多远。

第六步：反复改变观察位置，并进行比较。

 想一想

1.从不同的位置进行观察，硬币和水面的水平距离看起来相同吗？

2.如果你用一只眼睛看，情况是不是一样？

实验 大 揭秘

在观察水杯的实验过程中，你会发现硬币的位置不太一样。从水杯的正上方观察时，硬币离水面很近，但是从水杯的侧面观察时，硬币的位置仿佛变深了。其实硬币的位置并没有发生改变，只是你的错觉而已。

当光线通过水中时，会发生折射的现象。杯底的硬币发出的光线射出水面时，在水和空气的分界上发生折射，如果能用直线画出折射的过程，你会发现光线传播的过程中发生了偏折，这种现象人们就称之为"折射"。你用肉眼看到的物体位置，是进入双眼的两束光线的交点，也就是硬币的虚像。因此，你会误认为光线是从比实物高的某一位置发出来。

光的折射会造成许多光学现象，如水底看起来比实际的浅，鱼缸中的鱼看起来比实际的大，水里的鱼与实际距离不同，筷子伸入水中看上去像弯曲了一样……要解释这些现象，首先要知道看见的并非实际物体，而是物体发出的光经折射后所成的虚像。

光的折射还会造成一些奇怪的景象，最有名的莫过于海市蜃楼。宋代大科学家沈括曾经在《梦溪笔谈》中对海市蜃楼的奇景进行过描述：登州附近的海面云雾缭绕，有时会出现奇特的景观，半空中"漂浮"仙山和官殿，人们可以清楚地看见城墙，以及城中居住的百姓。这些浮现在海上的仙山和官殿，其实就是海面上冷空气与高空中暖空气之间的密度不同引起的光的折射导致的。

海市蜃楼现象与地理位置、地球物理条件，以及那些地方在特定时间的气象特点都有密切联系。

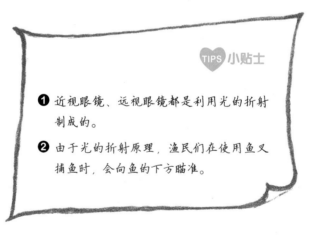

TIPS 小贴士

❶ 近视眼镜、远视眼镜都是利用光的折射制成的。

❷ 由于光的折射原理，渔民们在使用鱼叉捕鱼时，会向鱼的下方瞄准。

能用勺子做个哈哈镜吗？

你的家里有金属勺子吗？你有没有试过把勺子当作镜子使用？是不是特别有趣呢？

材料准备

金属汤勺1柄、哈哈镜1只

实 验 步 骤 >>>>>>

第一步：先用哈哈镜照一照自己，看看镜子中的自己是什么样子的。

第二步：手拿金属勺子，先用凹下去的一面当镜子，照一照自己的脸，看看镜子中的自己是什么样子的。

第三步：再把勺子反过来，用另一面当镜子，看看镜子中的自己是什么样子的。

第四步：用哈哈镜和勺子同时照自己，看看结果有哪些相似点。

想一想

1.为什么用勺子照自己的时候，勺子里的自己会发生奇怪的变化呢？

2.仔细观察哈哈镜，表面是平的吗？

实验 大 揭秘

在商场里，我们经常可以看到哈哈镜，当你走近镜子时，就会看到镜子里的人变得非常夸张，惹得人们哈哈大笑。你如果走近，站到镜子跟前，看到自己的模样那样滑稽，你也会笑个不停。

为什么哈哈镜会把人照成那副模样呢？

你不妨再找一些其他的物品，例如灯泡、罐头盒等，对着表面照一照，看看自己变成了什么样子？是不是和哈哈镜里的样子很像？你的鼻子可能被照得很大，也可能照得很小，这就要看上述物体表面是凹还是凸的了。哈哈镜的表面凹凸不平，这是哈哈镜的奥秘，利用了平面镜成像原理。光的反射，成的是虚像。

哈哈镜的表面不是平的，有的是凹面镜，有的是凸面镜。哈哈镜就是因为镜面各部分凸凹不同，因而所成的像有的被放大，有的被缩小。比如当你对着一个上部是凹镜的哈哈镜时，你的头就会被放大，而且因为鼻子在脸部突出，离镜面更近，所以鼻子看起来比脸上的其他任何部位都大，就成一个大鼻子了。

相反，如果用的是一个凸面的哈哈镜，镜子照射出来的东西就是缩小的。因为镜子在竖直方向上并没有弯曲，所以在竖直方向上像与物长度相同，但在水平方向上由于是凸镜，像是缩小的，你的面孔在镜中就变成细长的了。

同样的道理，如果用凹柱面镜照你的脸，你会看到一个短胖的脸。如果把镜面做成上凸下凹的，照出来的人就是头小身体大的了。镜面做成上凹下凸的，照出来的人就是头大身体小的。要是将镜面做成各部分凹凸不平的，照出的像就是七歪八扭的"丑八怪"了。

其实，自然界中还有很多类似的"哈哈镜"，只要是能够反射光线的表面，都可能产生哈哈镜的效果。例如，水面平静的时候，我们可以从水面中看到自己的倒影，但是当水面发生波动的时候，映射出来的倒影就会变得扭曲了。

另外，在肥皂水中加些甘油或糖，吹起一个大的肥皂泡，调整你和肥皂泡的距离，你会从前部的凸面上，看到自己正立的像，真是太奇妙了。

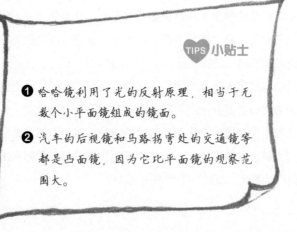

TIPS 小贴士

❶ 哈哈镜利用了光的反射原理，相当于无数个小平面镜组成的镜面。

❷ 汽车的后视镜和马路拐弯处的交通镜等都是凸面镜，因为它比平面镜的观察范围大。

为什么照相机可以留影？

"茄子！"咔！一张美丽的照片出来啦。照片可以留住瞬间的美景，也可以让我们的生活场景定格在一瞬间。那么，照相机的拍照原理是什么呢？

材料准备

牛奶盒2只、放大镜1个、宽透明胶带1卷、报纸1张、剪刀1把

实验步骤 >>>>>>

第一步：找一个相机，观察相机的结构，然后拍一张照片。

第二步：在第一个牛奶盒下端剪个方形的洞，然后用透明胶带把放大镜固定在上面。再用剪刀剪掉牛奶盒的上端。

第三步：把第二个牛奶盒的上下端都剪掉，并用宽透明胶带把牛奶盒的下端蒙上。用报纸折成一个长方体，放入牛奶盒中，用来遮挡光线。

第四步：将第二个牛奶盒套入第一个牛奶盒中。

第五步：通过拉伸放大镜和宽胶带之间的距离，透过第二个牛奶盒，就会看到外面的风景映在了宽透明胶带上。

第六步：比较一下拍的两张照片，看看有什么相似之处。

 想一想

1.如果把放大镜去掉，会有什么样的效果呢？

_____

2.用简易相机拍出来的影像，是正立还是倒立的？

_____

实验大揭秘

　　实验中的投影过程，学名为"小孔成像"。早在两千多年前，古人就已经做了小孔成像的实验，并且揭示了其中的原理。

　　《墨经》中记录了这样一个小实验：用一个带有小孔的板遮挡在墙体与物之间，墙体上就会形成物体的倒影，我们把这样的现象叫小孔成像。前后移动中间的板，墙体上像的大小也会随之发生变化。

　　《墨经》是战国时期我国古代著名的思想家、科学家墨翟（墨子）和他的学生一起编著的。他们做了世界上第一个小孔成像的实验，并指出小孔成像的原因——光是按照直线传播的。这是对光沿直线传播的第一次科学解释。

　　科学发展到今天，人们已经明白，光线并不总是按照直线传播的，只是在同一种均匀的介质中，而且还要在不受引力干扰的情况下，才会沿着直线传播。

❶ 通过这个实验，我们可以发现照相机的主要原理有两个，一是小孔成像，一是显影技术。

❷ 观测日食时，可以准备两张纸板，在其中一张纸板上戳个小孔，投影在另一张纸上，就可以清楚地看见日食的发生过程。

望远镜的秘密是什么？

在战场上，士兵们用望远镜观察远处的敌情；在生活中，天文爱好者们用望远镜观察遥远的星体。为什么用望远镜可以看得那么远呢？

 材料准备

黑色不透明纸2张、凹面镜1块、放大镜1块、铁丝、透明胶带

实 验 步 骤 >>>>>

第一步：将两张纸卷成两个纸筒。

第二步：将其中一个纸筒用透明胶带粘好，然后把另一个纸筒放进来，套在一起。

第三步：用透明胶带将第二个纸筒粘好，注意两个纸筒不要粘在一起。

第四步：将凹面镜和放大镜分别装在纸筒的两端。

第五步：手动调整纸筒的长度，直到透镜的焦距调整好。

第六步：做个小支架，固定望远镜。

 想一想

1.你的望远镜能够看到多远的东西?

_____

2.假如全部使用凹面镜或放大镜,会发生什么?

_____

实验 大 揭秘

　　翻开人类历史,天文学的发展最令人难忘。从人类诞生的那一刻开始,人们就仰望天空,探索着宇宙的奥秘。

　　1609年的一天,意大利科学家伽利略收到了朋友的一封信,信上说有人造出了一种神奇的装置,能够轻轻松松地看见远处的东西,而且看得非常清晰。伽利略马上意识到,这种装置对于科学界的意义是十分重大的,尤其是天文学界。于是他集中精力,对这种装置进行研究,并且很快就做出了效果更好的望远镜装置。

　　由于当时的条件有限,伽利略造出来的望远镜效果很一般,精密度也比较差。然而,伽利略第一次将它对准了月亮,清楚地看到月亮并不是白玉无瑕的银盘,它的表面也和地球一样有山、有谷,高低不平。在当时,学术界占据统治地位的还是唯心学说,人们认为月亮是上帝创造的,而伽利略的发现给这种说法带来了巨大的冲击。

　　更令人鼓舞的是,1610年一天的夜晚,面对着万里无云、繁星闪烁的星空,伽利略用自己制作的望远镜,兴致勃勃地瞄准一个明亮的光点——木星时,又发现了木星的三颗卫星。接着又在第六天的晚上发现了木星的第四颗卫星。他的工作使人类的观测、思维及对宇宙的认识，更进一步地从唯心主义进化至唯物主义。

生活中常见的望远镜通常是由一块凹面镜和一块放大镜组成的，凹面镜可以汇聚光线，把距离我们非常遥远的图像反射到平面镜上，并把图像拉近；放大镜则放大了平面镜中的影像。通过望远镜能够看清远距离的物体，就是因为远处的物体通过透镜的折射，使光线聚焦成像，物体就变得清晰了。

借助于现代科技，天文望远镜的精密度已经非常高了，人们造出了多种多样的望远镜，其中有空间望远镜、双子望远镜、太阳望远镜、数码望远镜等。著名的哈勃空间望远镜于1990年在美国发射，成为天文史上最重要的仪器。由于它身处太空，所以避免了地面观测遇到的种种缺点，帮助天文学家解决了许多难题。

借助于哈勃望远镜，科学家们发现了许多遥远的星系，并且证明了黑洞的存在。

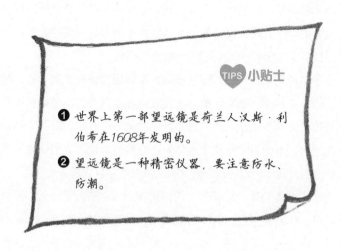

TIPS 小贴士

❶ 世界上第一部望远镜是荷兰人汉斯·利伯希在1608年发明的。

❷ 望远镜是一种精密仪器，要注意防水、防潮。

日晷是怎样记录时间的？

假如有人问你："现在几点了？"你或许会打开手机或拿出手表，看一眼就知道时间了。然而，在手表尚未发明的古代，人们是怎样计时的呢？

 材料准备

花盆1个、沙子适量、筷子1根、记号笔1支、闹钟1只

实 验 步 骤 >>>>>

第一步：在花盆里倒入半盆沙子，用手抹平沙子。

第二步：把筷子插在花盆的正中间。

第三步：将花盆放在空地上，确保太阳可以一直照射花盆。

第四步：用记号笔在花盆的边缘画出筷子的投影，并且标出当时的时间。

第五步：准备好闹钟，每过半小时提醒一次，再画出筷子的投影。

第六步：将花盆的位置和朝向固定下来，不要轻易移动，否则计时就不准确了。

想一想

1.你可以借助指南针将花盆的方向固定下来吗?

_____

2.在阴天和夜晚,日晷还能发挥作用吗? 为什么?

_____

实验 大 揭秘

在北京故宫太和殿前,立着一座汉白玉的石柱,上面倾斜地放着一块圆形石盘,盘中心竖着一根铁针。这个奇怪的东西就叫作"日晷",是古人用来观测时间的。

日晷是怎样发挥作用的呢? 通过对日晷进行观察,我们就会发现,日晷上面有许多刻痕,中间那根铁针的影子指向哪个刻度,就说明当时的时间是多少。由此可见,日晷是根据太阳光线的周期变化来测定时间的。

我们知道,太阳每天东升西落,地球上物体的影子也是早晚长、中午短,古人根据自然界的这种特点,发明了日晷。

我国古代的日晷有两种形式:一种是平放在地面上的,叫"地平式日晷"。由于太阳的周日视运动是与赤道面平行的,所以地平式日晷根据日出和日落时影子移动较快,而中午时移动较慢的规律,它上面的刻度是不均匀的;而另一种放置在赤道面内,叫赤道式日晷。由于太阳周日视运动与赤道面是平行的,所以,赤道式日晷上面的刻度是均匀的。我国北京故宫里的日晷就是"赤道式日晷"。

　　日晷是中国人独创的计时方法，第一个发明和使用日晷的人是谁，现在已经很难考证了。

　　汉朝时，司马迁在《史记》中记载了一个故事：战国时齐国受到燕国进攻，连遭败绩，齐景公根据朝臣的举荐，任命司马穰（ráng）苴（jū）率军抵抗，同时任命庄贾为监军。司马穰苴跟庄贾约定第二天中午到军营会齐。为了决定中午时刻，他先到军中，在用漏刻计时的同时，还立起一根表杆，通过观察杆影来决定时刻。这就构成了一个地平式日晷。

　　这件事表明，在战国时，利用日晷计时已司空见惯。根据《史记》的说法，日晷产生的时间最晚不应晚于战国时期，这是毋庸置疑的。

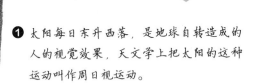

TIPS 小贴士

❶ 太阳每日东升西落，是地球自转造成的人的视觉效果，天文学上把太阳的这种运动叫作周日视运动。

❷ 月亮每天升起的时间变化比较大，平均每天比前一天晚升起50分钟。

实验总结

本章主要讲述了与光影有关的知识，小朋友们是不是对光和影子有了更多的认识呢？

光和影子是一对兄弟，它们总是一起出现。有光的时候，影子才会出现。假如我们进入一间漆黑的房间里，没有任何光线，就看不到影子了。

在生活中，有许多东西可以制造光线，比如以前人们用火把和油灯照明，后来人们发明了电灯，就用电灯取代了火把和油灯。相比之下，电灯更加安全。

为什么地球上有白天和黑夜呢？这是因为太阳光线的变化。太阳是太阳系的中心，它是一个非常巨大的火球，不停地发出光和热。太阳的光线照到地球上，给地球上的生物提供温暖和光明。但是由于地球是圆的，而光在空气中按照直线传播，太阳的光线只能照亮一边，另一边就被地球挡住了。地球上被阳光照到的地方就十分明亮，我们把这叫作白天；阳光照射不到的地方就是黑暗的，我们把这叫作黑夜。

没有光线，世界就会变得一片漆黑，所以对人类来说，光和空气、水、食物一样，是不可缺少的。

试一试

你能用手影在墙上做出鸟儿和大灰狼的形状吗？

PART 02

声音
小实验

声音也能"吹"起小球吗？

声音可以用耳朵听到，也可以用眼睛看到吗？怎样才能看到声音呢？

 材料准备

塑料饮料瓶1只、吸管1根、毛绒球1个、剪刀1把、胶带1卷、锥子1把、小刀1把

实验步骤 >>>>>

第一步：把饮料瓶剪成两半，留下瓶身的上半部分。

第二步：用锥子在瓶盖中心打一个直径约5毫米的圆孔。

第三步：盖上瓶盖，用手旋紧。

第四步：用胶带封住瓶子的另一端。

第五步：用剪刀在吸管的两端剪出一个十字形的开口，将剪开的部分向外弯折，其中一端与瓶盖的小孔贴合，并且用胶带粘牢。

第六步：找一个小小的毛绒球，放在吸管另一端的开口上，实验装置就完成了。

第七步：左手拿住瓶身，让塑料管向上，手指轻拍瓶身下面的胶带，看看毛绒球是否"跳"了起来。

 想一想

1.为什么毛绒球会"跳"起来呢？

_____

2.手指拍击胶带的时候，你听到了什么声音？

_____

实验 大 揭秘

用锤子敲打鼓面，大鼓就会发出"咚咚咚"的声音。此时用手指触摸鼓面，你会发现鼓面在振动。如果用力按住鼓面，不让它振动，声音就会很快停止。

这个例子告诉我们，声音是由于声源振动而产生的。声源振动使周围气体、液体、固体等物质的分子被压缩或稀疏，造成波动，这种波动连续交替地向四面八方传播开来，就叫声波。声波是我们的主观感受，客观上它只是物体机械振动的传播。

在实验中，用手拍打胶带的时候，产生了声波，声波传递到小球上，就把小球给"吹"起来了。

人耳接受声波频率的范围是有限的，频率太高太低的声波都不能引起人对声音的感觉。声波每秒钟振动的次数叫频率，单位是赫兹，简称赫。每秒钟振动一次是1赫。频率较高时，为计算方便，常以千赫为单位。人耳听到的最低音是20赫，最高音是20千赫。当然，还因人而异，年龄及环境也会对其有所影响。习惯上把这个频率范围的声波叫作声音或声波。频率低于20赫时，人耳就听不见了，称作次声波或

超低声。

在索尼探梦科学馆里，有一个很有趣的装置，叫作"共振环"展台。这个展台上装着一组大喇叭，并且依次固定6个大小不同的金属环，它们的固有频率各不相同，从大到小依次增加。当通过喇叭发出声音时，随着逐渐增加声音的频率，会看到首先是大环开始剧烈振动，接着金属环依次抖动起来，随着声频的提高，会看到其他的金属环也会跟着抖动起来。

通过这个装置，我们可以清楚地了解这些金属环的固有频率。而且还可以看到振动表现出来的是驻波的形式，同乐器发声的形式是一样的。但由于敲击发声往往是多个固有频率综合的结果，一般与"被共振"发出的声音有所差别。

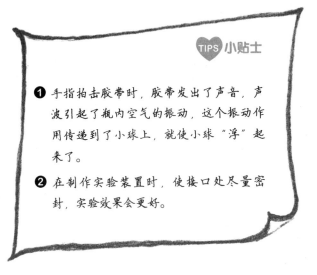

TIPS 小贴士

❶ 手指拍击胶带时，胶带发出了声音，声波引起了瓶内空气的振动，这个振动作用传递到了小球上，就使小球"浮"起来了。

❷ 在制作实验装置时，使接口处尽量密封，实验效果会更好。

为什么纸杯可以"传话"呢?

拨打一下电话,就能和远方的朋友聊天,能不能用纸杯做个简单的"电话"呢?

 材料准备

纸杯2个、剪刀1把、锥子1把、毛线1卷、火柴2根

实验步骤 >>>>>

第一步:首先准备两个纸杯,为了确保卫生,最好是没有使用过的。

第二步:用锥子在杯子底部中央位置扎一个洞,洞的大小和毛线粗细相近。

第三步:准备好毛线,调到你想要的长度。

第四步:把毛线的一端从纸杯上的洞里穿过来,拴住火柴,打一个结,确保毛线不会从孔里掉出去。

第五步:用第四步的办法把毛线的另一端也系在杯子上。

第六步:相互走远一点,把毛线拉直,一个人对着杯子小声地说话,一个人将耳朵附在杯子里。

想一想

1.对方说话的时候，你从杯子里听到声音了吗？

2.假如毛线没有绷紧，你是否还能听见声音？

实验大揭秘

在家里大喊一声，爸爸妈妈会问你发生了什么事。为什么他们能够听到你发出的声音呢？这是因为声音通过空气传递到了他们的耳中。

声音的本质是声波的传动。物体通过振动等方式产生声波后，声波便会通过一些物质传递出去。像空气这种能够传递声波的介质，我们把它称作"介质"。离开了介质，声音就无法传递。宇航员站在月球表面的时候，必须穿着宇航服，用电话进行对话，这是因为月球表面几乎是真空状态，除非使用对讲机，否则就听不见别人说话的声音。

声音的介质有很多种，除了空气以外，液体和固体都能充当介质，例如水、木材、玻璃、钢铁等。你也可以亲自验证一下，游泳的时候，潜到水下，这时耳朵和水接触，不再和空气接触，仔细听一听，是否还能听见声音？没错，你还能听到声音，但是声音发生了很大的变化，变得模糊不清了。

声音不仅能够通过液体和固体传播，还传播得更快，因为液体和

PART ❷

固体的分子排列得更紧密，传递声音的速度也就会更快。

一般来说，声音在空气中的传播速度大约为340米/秒，而在水中的传播速度是在空气中的5倍，在钢铁中的速度则达到空气中的20倍。把耳朵贴在铁轨上，就能听到很远处火车前进的声音。

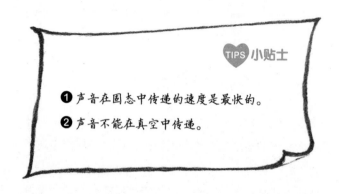

❤ TIPS 小贴士

❶ 声音在固态中传递的速度是最快的。

❷ 声音不能在真空中传递。

声音的速度究竟有多快？

你知道子弹和声音，谁跑得更快吗？声音的速度到底有多快呢？能否测量出来呢？

 材料准备

秒表1只、红色气球1只、卷尺1只、大头针1只

实验步骤 >>>>>>

第一步：走到一处寂静的空旷地带，尽量减少城市噪音对实验结果造成的影响。

第二步：用卷尺量出一段500米的距离，测试的两人分别站在两头。

第三步：其中一人拿着气球，另一人拿着秒表。

第四步：将气球吹满气，然后用大头针刺破气球。

第五步：另一人用秒表计时，从看到气球爆炸开始计时，到听到声音为止结束计时。

第六步：多做几次实验，求取平均值。

第七步：用距离（500米）除以时间，得出的结果就是声音的传播速度。

PART **02**

1.为什么会先看到气球爆炸，然后才会听到声音呢？

2.假如两个人的距离只有一米远，还能测出声音的速度吗？

实验 **大** 揭秘

1708年，人类第一次测出了声音传播的速度，这个实验是由一个英国人德罕姆完成的。

当时，他站在一座教堂的最上方，向远处眺望，在距离教堂很远的地方，有一座大炮。炮弹爆炸之后，德罕姆立即看到了火光，又过了一段时间，他才听到炮声，他把这段时间差记录下来，经过计算以后，得出了声音在空气中传播的速度。

与光速相比，声音传播的速度要慢得多，在20℃的空气中，每秒大约能够传播340米，1个小时大约可以传播1225千米。相比之下，光的传播速度大约为每秒30万千米！比声音的速度快了不知道多少倍。

在实验中，气球虽然不发光，却会反射太阳光，反射的光线传播速度没变，所以我们会先看到气球爆炸，才听到气球爆炸的声音。

声音的传播速度还和温度有关，一般温度越高，声音传播得就越快。相反，温度越低，声音的传播速度就越慢。温度每升高1℃，声音传播的速度就提升0.6米/秒。

声音无法在太空中传播，这是因为太空中几乎没有空气，真空中缺少能够传播机械振动的介质，所以无法传播出去。

TIPS 小贴士

❶ 声音在常温下的传播速度，约为每秒
　 340米。

❷ 打雷时，先看到闪电，再听到雷声，就
　 是因为光的速度比声音传播的速度快
　 得多。

为什么敲击音叉会发出声音呢？

你见过音叉吗？你听过音叉的声音吗？你知道它为什么能发出声音吗？

材料准备

勺子1把、叉子1把、木槌1把、音叉1把

实验步骤 >>>>>

第一步：用勺子撞击吃西餐用的叉子，听听它们发出的声音，记住音量的大小。

第二步：将敲击过的叉子，立即直立地放在桌上，让叉子柄与桌面紧贴着，看看音量是否变大了。

第三步：用木槌敲打音叉，看看音叉会发出什么样的声音。

第四步：用勺子敲打音叉，看看音叉会发出什么样的声音。

第五步：用叉子敲打音叉，看看音叉会发出什么样的声音。

第六步：音叉响起声音时，用手握住音叉，看看会发生什么现象。

 想一想

1.用勺子、叉子、木槌分别敲打音叉时，发出的声音是一样
的吗？

_____

2.敲打音叉之后，立即将音叉放入水中，你会发现什么？

_____

实验大揭秘

音叉是一种奇妙的东西，通常做成"Y"字形，轻轻一敲，就会发出"嗡嗡嗡"的声音。为什么音叉会发出这样的声音呢？其实这是因为敲打音叉的时候，音叉产生了振动，从而发出声音。

敲打音叉之后，把音叉放在桌子上，你会发现声音比原来更响了。这是因为，当叉子接触桌面时，使桌面也产生了振动。通常，振动表面积越大，声音越响。桌面振动，能放大声音，这也是许多乐器有木制的音板或音箱的缘故。

音叉的发声特点，决定了它的用途。音乐家们喜欢用音叉来调试钢琴，尽管他们对声音很敏感，也有电子调音器，但是仍然需要使用工具帮助自己确定声音。当音叉需要调音时，可以在两端分叉的部分做调整：磨短尖端的部分以调高或修整两叉中间接合处以调低；或者调整两尖叉的重量。

用音叉取"标准音"是钢琴调律过程中十分重要的环节之一。它的重要性在于关系到一台钢琴各键音处在什么音高位置上。即便经过调音，音叉的频率仍会因为材料的弹性模数改变而受影响，为了使音叉发出准确的音高，仍应将其封存在温湿度控制良好的地方。

也有一些音叉是用电力驱动的，通电之后就能不断地振动，然后发出声音，就像一个电铃，不过这些音叉一般比较大。

音叉有许多种，它们能够发出不同频率和不同音色的声音。在医院里，医生们也常常用音叉来诊断疾病，主要是听力方面的疾病，例如传音性耳聋或感音性耳聋。

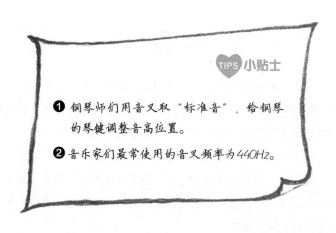

TIPS 小贴士

❶ 钢琴师们用音叉取"标准音"，给钢琴的琴键调整音高位置。

❷ 音乐家们最常使用的音叉频率为440Hz。

奇妙的回声是怎么回事？

站在山坡上，对着远处大喊一声"啊"，接着从四处飘来了"啊……"的声音，这是怎么回事呢？

材料准备

秒表1只、计算器1只

实验步骤 >>>>>

第一步：来到户外的一处地方，手里拿着秒表准备计时。

第二步：大声地喊一下，同时按下秒表，开始计时。

第三步：听到回声的时候，再次按下秒表，结束计时。

第四步：我们知道声音的传播速度大约为340米/秒，用这个数字乘以秒表的计时，然后除以2，就可以测算出引起回声的障碍物离你有多远了。

 想一想

1.在什么地方喊叫容易引起回声？

————————————————————

2.如果是动物在喊叫，也会引起回声吗？

————————————————————

实验 **大** 揭秘

　　声音在空气中以声波的方式传播，遇到较大的反射面之后，便会被弹射回来，形成回声。

　　要想制造回声，必须要有反射面，如小区里的房子可以成为反射面，山谷里的大山也可以成为反射面。一个人站在广袤无垠的平原上大声呼喊，是听不到回声的，因为在他周围没有可以产生回声的障碍物。可是如果一个人站在寂静的山谷中呼喊（或发出其他声响），情况就大不相同了。这时他不仅可以听到响亮的回声，而且由于四周远近不同的山峦传来的回声先后传入人的耳朵，就会形成连绵不断的回声了。

　　生活中到处都有回声，只是有些回声不是很明显，我们没有注意罢了。夜晚，一个人走在寂静的小巷里，除了自己的脚步声以外，还会听见一种"咯咯"的声音，好像有人跟着似的，总让人有点提心吊胆，莫名其妙地紧张起来。

　　其实，这也是回声导致的。我们在走路的时候，会发出脚步声，

脚步声撞到小巷两侧的墙壁，就会像皮球似的被弹回来，形成回声。我们听到的"咯咯"的声音，就是小巷两侧墙壁反射回来的回声。

　　科学家们根据回声的原理，做出了声呐装置，利用回声来探测海深、测冰山的距离和舰艇的位置。

　　第一次世界大战期间，德国军队发明了潜艇战术，用深水下隐藏着的潜水艇击沉了协约国大量的战舰、船只。当时人们还没有相应的技术，无法发现水下的潜艇，横跨大西洋的海上运输线几乎中断了，于是利用水声设备搜寻潜艇和水雷就成了关键的问题。

　　法国著名物理学家郎之万等人研究并造出了第一部主动式声呐，1918年在地中海首次接收到2～3千米以外的潜艇回波。这种声呐可以向水中发射各种形式的声信号，声信号碰到需要定位的目标时会产生反射回波，我们再将反射回波接收回来并进行信号分析、处理，除掉干扰，从而显示出目标所在的方位和距离。

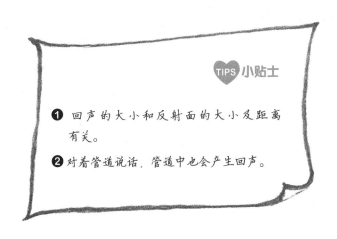

TIPS 小贴士

❶ 回声的大小和反射面的大小及距离有关。

❷ 对着管道说话，管道中也会产生回声。

听诊器可以放大声音吗？

站在远处和别人说话时，你是不是感觉对方的声音很小，听不清楚他的声音？没关系，我们来做个小"听诊器"，把声音放大。

 材料准备

漏斗2只、软胶管1根、透明胶带1卷

实验步骤 >>>>>>

第一步：将一只漏斗的尾端和软胶管套在一起。

第二步：用透明胶带将漏斗和软胶管的连接处粘牢。

第三步：准备好另外一只漏斗，按照同样的方法，和软胶管组装在一起。

第四步：将做好的装置拿起来，其中一只漏斗放在胸口上。将另外一只漏斗贴在耳朵上，看看会听见什么。

第五步：数数自己的心跳，看看自己一分钟的心跳是多少。

第六步：拿着"听诊器"，将漏斗口朝向屋外，看看是否能听见外面的声音。

 *想一想*

1.为什么心跳也会有声音呢？

_____

2.把"听诊器"拿开，你还能听见自己的心跳声吗？

_____

实验 **大** 揭秘

世界上的第一个听诊器是法国医生雷奈克在1816年发明的，雷奈克是个医术高明的医生，平时喜欢钻研科技。

有一次，他去拜访朋友，到了朋友家的时候，发现门口的空地上堆着一堆木头，有几个小孩子正围在木头周围。雷奈克起初没有在意，只管上前敲门，但是在等待的过程中，他发现了一个有趣的现象。那些小孩子把耳朵贴在木头上，一只手拿着木棒，在木头上"咚咚"地敲，然后互相问："你听到声音了吗？"其他的小朋友说："听到了。"

雷奈克感到很奇怪，小孩敲木头的时候，力气很小，几乎没有发出声音，那些孩子是怎么听到的呢？

他回到家里，仔细钻研，终于发现了其中的道理，原来声音在木头中也能传播。于是，他用木头做出了一个听诊器，尽管这个听诊器十分粗糙，但是它是世界上第一个听诊器，为后来的医学发展提供了很大的帮助。

后来，人们根据雷奈克的发明，对听诊器的结构进行了改进，使它成为我们现在见到的样子。

　　现在，人们发明了各种各样的听诊器，有单用听诊器、双用听诊器、三用听诊器、立式听诊器、多用听诊器及最新出现的电子听诊器。

　　这些听诊器，其原理都是相同的，前端是一个面积较大的膜腔，体内声波鼓动膜腔后，听诊器内的密闭气体随之震动，而塞入耳朵的一端，由于腔道细窄，气体震动幅度就比前端大很多，由此放大了患者体内的声波震动，声音就变大了。

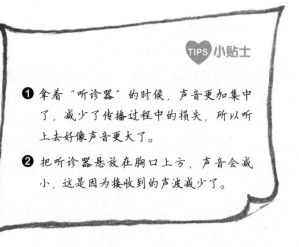

TIPS 小贴士

❶ 拿着"听诊器"的时候，声音更加集中了，减少了传播过程中的损失，所以听上去好像声音更大了。

❷ 把听诊器悬放在胸口上方，声音会减小，这是因为接收到的声波减少了。

可以用吸管做个排笛吗？

笛子声音悠扬，音色优美，价格也很便宜，但是制作起来并不容易。我们不妨试试，用吸管做一个简易的排笛。

 材料准备

吸管8根、剪刀1把、透明胶带1卷

实验步骤 >>>>>>

第一步：仔细挑选吸管，注意吸管上不要有裂缝，否则会影响实验效果。

第二步：将吸管依次剪短，按照排笛的样子去做。

第三步：将长短不同的吸管依次排列整齐。

第四步：用透明胶带将吸管固定起来，注意使所有吸管的上端平齐。

第五步：拿起用吸管做成的排笛，放在嘴边吹奏，看看是否能够发出声音。

想一想

1.为什么吸管能够发出不同的声音?

_____

2.如果把吸管换成芦苇,会有同样的效果吗?

_____

实验大揭秘

排笛是一种乐器,也被称为排箫,是一种吹奏乐器。在神话记载中,排笛最初是由希腊神话中的潘神造出来的。传说潘神坐在河边,听到河边的芦苇在风的吹拂下发出悲凉的"呜呜"声,于是他把芦苇取下,切成了一根根短管,做成了一个排笛,

吸管做成的排笛为什么能够发出声音呢?这其中利用了空气振动和空气柱共鸣的原理。

一般来说,吸管内的气体流动得越快,压强就越小。当我们吹吸管的时候,空气从吸管的边缘进入吸管内部,在管口处做涡旋运动,这样管口内部的气体压强就减小,于是吸管末端的气体就向管口运动。

别看我们吹吸管的力气并不大,其实它的速度是很快的。在管口处发声积压,造成管口处的压强增大,但是同时又把气体推向笛尾,在这样的循环之下,吸管就发出了声音。

吸管内的空气,我们可以把它看成一个空气柱,实际上空气没有确定的形状,它是流动的,就像是水,放在什么容器里就是什么样

子的。

　　如果有两个相隔比较近、固有频率相同或接近的物体，让其中的一个发出声音，那么另一个也会发出声音，而且声音的响度会得到增大，这种现象就叫作声音的共鸣。

　　几乎所有容器里的空气，都会同发声物体产生共鸣。把发声体放在一个容器的端口上，频率或波长相当，空气柱就会起共鸣，使声音加强。

　　正因为空气柱的共鸣对声音起到了放大的作用，才使得吸管排笛吹出的声音更加响亮。

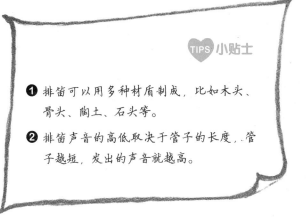

TIPS 小贴士

❶ 排笛可以用多种材质制成，比如木头、骨头、陶土、石头等。

❷ 排笛声音的高低取决于管子的长度，管子越短，发出的声音就越高。

可以用橡皮筋做个吉他吗？

轻轻拨动吉他的琴弦，就会听到悦耳的声音，
我们来试试，用家里的材料做一个简易的吉他吧!

材料准备

长方形的硬纸鞋盒1个、橡皮筋6根、剪刀1把、
锥子1把、牙签6根

实验步骤 >>>>>>

第一步：选出6根橡皮筋，最好是粗细不同的，就像吉他上的琴弦那样。

第二步：将鞋盒取出，用锥子在鞋盒的上下两端分别扎6个孔。

第三步：将牙签全部折断成两截，并且将橡皮筋的两端各绑上半截牙签。

第四步：将绑着牙签的6根橡皮筋分别穿到鞋盒上，并绷直。

第五步：将6根橡皮筋全部绷直之后，小吉他就做好了。

想一想

1.依次弹拨橡皮筋，看看发出的声音是否相同？

2.哪一根"弦"发出的声音最低沉？

实验 大 揭秘

吉他是一种古老的弹拨乐器，它的前身是几千年前就已经被发明出来的古弹拨乐器。

根据考古发现，人们认为吉他起源于欧洲，更准确地说是从中世纪时依贝利亚半岛的弹拨乐器发展而来的。14世纪前后，世界上已经出现了两种吉他：一种是四弦的，琴身像个葫芦，被称作拉丁吉他；还有一种是长圆形的，背部是圆形的，有许多小孔，被称作摩洛风吉他。这些吉他的琴弦用的都是羊肠弦，而不是我们现在使用的琴弦。

尽管吉他的外形多种多样，但是它们的结构是相似的，都有面板、侧板、底板，这几块板组成了共鸣箱，共鸣箱和琴颈连成一体，组成了吉他的架构。吉他的发音由琴弦的振动通过琴桥传向面板，面板的振动向四面放射，传向背侧板及整个琴体的每个部件，产生共鸣反射出音孔而发音。

我们知道，声音的本质是振动，吉他的琴弦固定在音箱和琴柱上。音箱和琴柱组成了一个共鸣箱，在弹奏的时候，利用共振原理使频率相同的声音相叠加，使原来的声音加强。

拨弦时除了使周围的空气振动并且把振动传递出去外，还把振动传到木头上，音箱的木板面积大且弹性佳，所以音箱保留了许多拨弦时所施予的能量，因为木板有正反面的缘故，其中有一半的能量集中于音箱内部的空气中，再经由音孔将声音由固定的方向传播出去。

　　在小实验中，我们用橡皮筋代替琴弦，用鞋盒模仿共鸣箱。虽然弹拨橡皮筋的时候，声音没有吉他那样响亮，音色也不如吉他悦耳，但是可以让我们认识到吉他的原理。

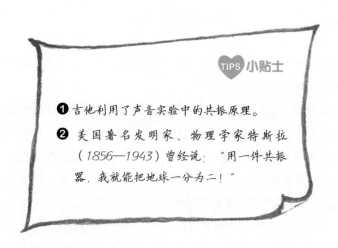

TIPS 小贴士

❶ 吉他利用了声音实验中的共振原理。

❷ 美国著名发明家、物理学家特斯拉（1856—1943）曾经说："用一件共振器，我就能把地球一分为二！"

对酒瓶吹气为什么会有声音？

小朋友，你的爸爸平时喜欢喝啤酒吗？家里有啤酒瓶吗？快拿出来做游戏吧！

 材料准备

空酒瓶5个、清水少许

实验步骤 >>>>>>

第一步：准备好啤酒瓶，用清水洗净瓶口。

第二步：分别在每个瓶子里装水，水量不等。

第三步：对着瓶口吹气，听听瓶子会发出什么样的声音，是否每个瓶子发出的声音都不一样？

第四步：实验过后，记得将瓶子放好哦！

PART **02**

想一想

1.如果垂直对着瓶口吹气，瓶子会发出什么声音？

_____

2.把酒瓶换成塑料瓶，声音还会一样吗？

_____

实验 **大** 揭秘

对着瓶口吹气的时候，我们会听见"呼呼"的声音，听起来就像大风吹过的声音，其实这是气流运动产生的效果。

对着瓶口吹气的时候，会使瓶子里产生空气涡流，也就是空气的不规则运动。空气涡流会使瓶子里的空气快速移动，这个过程被称作"空气的振动"，正是由于有了这样的振动，瓶子才会发出声音。

如果瓶子里的水比较多，那么空气能够活动的空间就比较小，振动就会加快，发出的声音就比较高。相反，如果瓶子里的水比较少，那么空气能够活动的空间就很大，振动的速度和频率下降，发出的声音就比较低沉。

在飞机场上，飞机启动的时候，大功率的发动机会把四面八方的空气都吸入进气口，地面上的空气流动也会受到限制。如果这时旁边吹过来一道风，上升气流就会开始扭动，然后快速旋转，就形成了"地面涡流"。这种气流的力量十分强大，气流进入飞机狭小的零件中时，便会产生尖锐的声音。

和飞机相比，海螺没有那么大的能量，可以把几十吨的重量送上

天空，但是海螺凭借自身独特的结构，也能发出声音。

　　当你把一个海螺壳放在耳边的时候，是否听到一种奇妙的声音呢？渔民们会告诉你，那是大海的声音。

　　其实，这是由于海螺壳独特的构造导致的。因为贝壳的特殊结构，可以让空气在壳内产生空气流，摩擦壳体，产生的声音很像大海的声音。

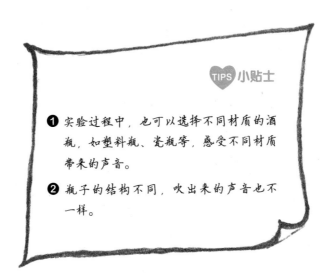

TIPS 小贴士

❶ 实验过程中，也可以选择不同材质的酒瓶，如塑料瓶、瓷瓶等，感受不同材质带来的声音。

❷ 瓶子的结构不同，吹出来的声音也不一样。

如何测量声音的大小？

在生活中，有些物体发出的声音大，有些物体发出的声音小，那么有没有什么方法能够准确地测量音量的大小呢？

材料准备

分贝仪1只、白纸1张、圆珠笔1支

实验步骤 >>>>>>

第一步：打开分贝仪背面的电池盖，装上四枚1.5V电池。开启分贝仪，对周围的声音进行测试。

第二步：对着分贝仪，按照正常的语速和音量说话，看看你的音量有多大。

第三步：将分贝仪放在窗户旁，看看附近的噪音有多大。

第四步：将分贝仪对着小猫和小狗，看看它们的音量有多大。

第五步：将分贝仪对着电脑和电视，看看它们的音量有多大。

第六步：将分贝仪对着正在鸣笛的汽车喇叭，看看音量有多大。

第七步：测试过程中，分别记下所有的分贝值。

想一想

1.测试一轮之后，说说哪一项的音量最大？

2.改变测试的距离，看看结果是否会发生变化。

实验 大 揭秘

在一些公共场合，我们能够看到"不许大声喧哗"的警示语，老师也会提醒我们"不要吵到别人"，但是到底发出的声响有多大，你知道怎样测算出来吗？

我们无法看见声音，却可以对声音进行测量，因为声音的本质是机械振动，明白了这个原理，就可以用机械进行测量了。

科学家们把音量分为不同的等级，称为"声级"，它的单位叫分贝。就像米是长度单位一样。1米有多长，我们大概都知道，那么1分贝的声音有多响亮，你知道吗？

最弱的声级是零分贝，它几乎没有能量，在生活中我们也听不到零分贝的声音。目前还没有任何仪器能达到人耳这样高的灵敏度。人听得见的这种最弱的声音极限，在声学中就叫"听阈"，就是人的听觉范围。

人们聊天时的声级一般是70分贝，而轿车喇叭发出的声级一般是120分贝。当人站在飞机发动机旁或凿岩机旁，隆隆的噪声会使人耳产生疼痛的感觉，这种声音的能量很大，在声学中叫作"痛阈"。这时的声级大约是120分贝，它的压强变化是0分贝时的100万倍呢！

PART 02

喷气式飞机噪声的声级是160分贝。160分贝就已经超过了人类能够承受的限度，会对听力造成巨大的伤害，但是现实生活中还有更大的声音，例如火箭发出的噪声可以达到195分贝。

TIPS 小贴士

❶ 75分贝是人体耳朵舒适度的上限。

❷ 人对音量承受的最高临界点是140分贝，超过140分贝就会导致听力完全损害。

如何做个简易麦克风?

使用麦克风唱歌和讲话时，能把声音放大，这是怎么做到的呢?

 材料准备

铅笔芯3根、导线1根、小纸盒1个、剪刀1把、电池1节、耳机1副

实验步骤 >>>>>>

第一步：剪掉小纸盒上方的盒盖，在纸盒的前后两端各钻两个小孔，然后把两根长铅笔芯穿进小孔。

第二步：把短铅笔芯横架在两根长铅笔芯上。这样，一个简易麦克风就做成了。

第三步：把做好的麦克风同时连接上导线和电池，并与准备好的耳机一起连起来。

第四步：让你的朋友戴上耳机，你对着小纸盒说话，耳机里就可以听到你的声音了。

想一想

1.试试大声说话，看看"麦克风"的声音是不是更大了？

———————————————————

2.你见过几种类型的麦克风？

———————————————————

实验 大 揭秘

在这个实验中，我们使用了铅笔芯，铅笔芯的主要成分是石墨，而石墨是导体。实验中，铅笔芯接上了电池后就会有电流流过。当你对着纸盒说话的时候，纸盒底部就会振动，改变笔芯间的压力，电流变得不均匀，造成了耳机中声音的振动，这样就可以听到声音了，就像是对方正在对着麦克风说话一样。

麦克风的工作原理，是将声音信号转换为电信号，然后把变化的电流送到后面的声音处理电路进行放大处理，就会产生声音放大的效果。尽管麦克风的制造技术在不断发展和进步，但是基本工作原理仍然没变。

麦克风的历史可以追溯到19世纪末，贝尔（Alexander Bell）等科学家致力于寻找更好的拾取声音的办法，以用于改进当时的最新发明——电话。期间他们发明了液体麦克风和碳粒麦克风，这些麦克风效果并不理想，只是勉强能够使用。

到了1937年，法国人让·沙波隆首次使用了麦克风，他是一位歌唱家，在某次上台演唱的时候，他突发奇想：能不能用麦克风唱

歌呢？在当时，还没有人想过要这样做，让·沙波隆心怀忐忑地试了试，结果大获成功。

　　麦克风扩大了歌唱者的声音，使得歌唱者可以用更多样的方法去歌唱。现在，麦克风已经成为歌手必不可少的工具了。

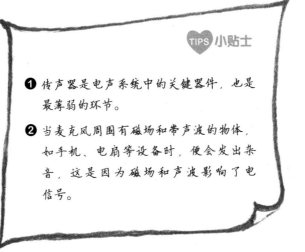

TIPS 小贴士

❶ 传声器是电声系统中的关键器件，也是最薄弱的环节。

❷ 当麦克风周围有磁场和带声波的物体，如手机、电扇等设备时，便会发出杂音，这是因为磁场和声波影响了电信号。

实验总结

  我们知道，人是用耳朵听声音的，那么对于耳朵的结构，你们了解吗？

  耳朵主要是感受声音刺激的器官，它包括外耳、中耳和内耳三部分。

  外耳包括耳郭和外耳道，属于收集声波的装置。外耳道的底部有个斗笠形的硬膜，叫鼓膜。鼓膜以内是中耳，里面有三块互相连接的听小骨。当声波作用到鼓膜上时，鼓膜能准确无误地与外来的声波发生共振，并能通过听小骨的杠杆作用，把它放大，再传入内耳。

  内耳的构造就比较复杂了。它包括三个半规管、前庭、耳蜗三部分。它们互相连通着。半规管和前庭是维持身体平衡的装置，耳蜗才是感受声音刺激的部分。耳蜗里有接受声音刺激的神经细胞，并有听神经同它相连。所以，每当这些神经细胞受到声音刺激而兴奋时，兴奋冲动就会沿着听神经传到大脑皮层的听觉中枢，产生听觉。

 试一试

先用手掌盖住耳朵，再用手指塞住耳孔，看看两次实验听到的声音有什么不同？

PART 03

电磁
小实验

怎样用梳子吸起碎纸屑?

梳子一般是用塑料制成的，它能否像吸铁石吸附铁块一样，将桌子上的碎纸屑吸起来呢?

 材料准备

> 白纸1张、乒乓球1个、梳子1把、毛衣1件

实验步骤 >>>>>

第一步：在桌子上放一个乒乓球，并且撒上一些碎纸屑。

第二步：用梳子在毛织物上摩擦，使梳子带上大量静电荷。

第三步：用梳子慢慢靠近碎纸屑，看看会发生什么。

第四步：用梳子慢慢靠近乒乓球，看看能否吸动乒乓球。

第五步：如果不能吸动乒乓球，不妨试试多摩擦几下梳子，然后再试一次。

 想一想

1.梳子和毛织物摩擦之后，用清水冲一下，然后擦干，梳子还能吸起碎纸屑吗？

_____

2.用梳子梳一会儿头发，也能吸引纸屑吗？

_____

实验 大 揭秘

在实验中，摩擦之后的梳子之所以能够吸起纸屑，是因为梳子上带有电荷，纸屑靠近梳子时，产生静电感应现象，就带上与梳子上的电荷相反的电。异性电相吸，纸屑就被梳子吸起来了。

但是，我们也可以看到梳子上的静电是有限的，当它面对乒乓球那样大的物体时，力量就显得很小了。如果乒乓球和梳子没有接触，正负电荷就不会被中和掉，所以球和梳子上的电荷能保持一段时间，球就会跟着梳子滚动。

对于静电，人类在2600年前就已经有所认识了，古希腊人塔利斯发现琥珀与其他物体摩擦以后，就会具有吸引小物品的能力，其实这就是我们所说的静电现象。

然而，人们在很长一段时期内都不知道其中的原理，直到17、18世纪，科学家们才发现其中的奥秘。法国的一位科学家用两个金属箔做了一个小实验，从而发现了同性相斥、异性相吸的现象，证明了两种类型的电荷存在。

19世纪，人们对电的研究日益深入，对电有了更深刻、更全面的认识，科学家们把摩擦起电、雷电和电池中的电统一了起来，最终发展出完整的电磁场理论。

实际上，生活中有很多静电现象，例如实验中用梳子和毛织物摩擦会产生静电，平时用塑料梳子梳头也会产生静电，等等。

相比之下，用木梳子梳头就不容易产生静电，这也说明了静电的产生和材质有关。

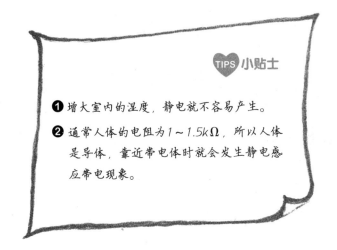

TIPS 小贴士

❶ 增大室内的湿度，静电就不容易产生。

❷ 通常人体的电阻为 $1\sim1.5\mathrm{k}\Omega$，所以人体是导体，靠近带电体时就会发生静电感应带电现象。

灯泡是怎样亮起来的?

灯泡是每个家庭的必需品,没有灯泡,我们

到了晚上就只能借助于昏暗的蜡烛和油灯照明了。

 材料准备

小灯泡1只、干电池1节、导线若干、开关1个、
灯座组件1套、电池夹1套

实验步骤 >>>>>

第一步:将2根导线与开关的头尾连接起来。

第二步:组装小灯泡灯座,并且将导线拴在电极片上。

第三步:组装电池夹,将电极片放好,并把它卡在两边的小
孔里。

第四步:装上电池,试着用导线连接电路。

第五步:合上开关,灯泡亮了。

想—想

1.反复开启—关闭开关，看看灯泡是怎样亮起来的？

2.合上开关，使灯泡点亮，然后解开导线，看看灯泡是否还
　会亮？

实验 大 揭秘

　　电灯是人类社会最重要的发明之一，它照亮了黑暗，让人们在晚上也能拥有光明。然而，电灯的发明并非一帆风顺。

　　19世纪初期，欧美一些国家最先使用电灯，那时人们普遍使用的都是弧光灯。什么是弧光灯呢？弧光灯就是根据弧光放电的原理制成的灯，它把两根炭棒分别连在一组电池的正负极上，使炭棒接触后，再拉开一定的距离，这时电流仍然能通过空隙，使正负两极间产生电弧，从而发出非常刺眼的强光。

　　弧光灯虽然可以用来照明，但是它的缺点非常明显，首先就是使用不方便，人们需要经常调整炭棒的距离，否则发不出光；而且弧光灯的耗电量太大了，光线虽然很强，但是价格太高昂，无法推广使用。更重要的是，弧光灯在使用过程中容易产生一些气体，对人体健康有害。

　　后来，为了克服弧光灯的缺点，人们开始了全新的探索，并且有了新发现。

著名的发明家爱迪生花了13年时间，专门研究灯泡。在研究过程中，他前前后后试验了几千种材料，全都失败了。但是，他没有放弃，最终成功研究出一种全新的灯泡——白炽灯。

　　1882年，爱迪生在美国纽约建立了世界上第一座发电站，为人类的生活开启了新的篇章。

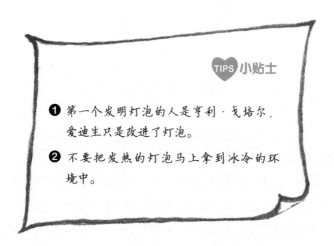

TIPS 小贴士

❶ 第一个发明灯泡的人是亨利·戈培尔，爱迪生只是改进了灯泡。

❷ 不要把发热的灯泡马上拿到冰冷的环境中。

如何用简易材料制作电池？

在生活中，有许多电器需要使用电池。我们能不能用简单的材料制作一个电池呢？

材料准备

活性炭1块、小灯泡1只、小玻璃杯1个、食盐少许、铝箔纸4张

实验步骤 >>>>>>

第一步：用铝箔纸叠成4个小模子，如蛋挞的饼模。

第二步：先向其中3个小饼模内放些活性炭，再加入少量的盐水。

第三步：把这3个小饼模依次摞起来，然后将第4个空饼模放在最上面。

第四步：再用铝箔纸搓两根线，当作导线，分别连接在最上面和最下面的饼模内。

第五步：用小玻璃杯压住最上面的导线。

第六步：把上面导线的另一端缠绕在小灯泡螺纹接口的中部，下面导线的另一端连接在小灯泡底部，并用力压下小玻璃杯，这时小灯泡就会发光了。

 想一想

1.对照家里常用的电池，说说哪个是正极，哪个是负极。

2.手机用的锂电池是否也能做这个实验呢？

实验 大 揭秘

我们知道电池有正负两极，在这个实验中，活性炭充当正极，铝箔蛋挞饼模充当负极。铝箔蛋挞饼模溶于食盐水，释放出电子，而活性炭中又有许多极其微小的孔，小孔内的空气中含有的氧气可以接受那些被释放出的电子，这些电子的移动形成了电流，当电流通过时，灯泡就亮了。

其实，人类在18世纪的时候就已经发明了类似的装置。

当时，有一位意大利的生物学家在用青蛙做实验，当手术刀划开死青蛙的大腿时，他发现死青蛙的大腿居然会发生轻微的抽搐。这个现象让他感到十分奇怪，于是他就把自己的发现公布出来，希望有人能够帮助他解决其中的困扰。

大名鼎鼎的物理学家伏打认为，这是金属与蛙腿组织液（电解质溶液）之间产生的电流刺激造成的。1800年，伏打据此设计出了被称为伏打电堆的装置，锌为负极，银为正极，用盐水作电解质溶液。

1836年，丹尼尔发明了世界上第一个实用电池，并用于早期铁路信号灯。

　　随着科学技术的发展，电池已经发展成为一个大家族。目前为止，人们已经发明了一百多种电池，其中有干电池，也有液体电池。常见的有普通锌—锰干电池、碱性锌—锰干电池、镁—锰干电池、锌—空气电池、锌—氧化汞电池、锌—氧化银电池、锂—锰电池等。

　　人们平时使用的干电池，是一种一次性电池，它的正极就是里面的那根碳棒，而负极则是锌筒。

　　普通干电池大都是锰锌电池，中间是正极碳棒，外包石墨和二氧化锰的混合物，再外是一层纤维网，网上涂有很厚的电解质糊，其构成是氯化氨溶液和淀粉，另有少量防腐剂。最外层是金属锌皮做的筒，也就是负极。

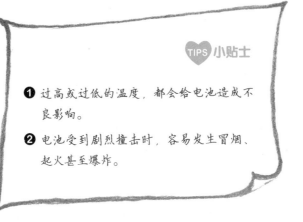

TIPS 小贴士

❶ 过高或过低的温度，都会给电池造成不良影响。

❷ 电池受到剧烈撞击时，容易发生冒烟、起火甚至爆炸。

为什么毛衣里藏着电火花？

冬天，人们穿着厚厚的毛衣，夜里脱下毛衣的时候，总会发出噼里啪啦的闪光，这是为什么呢？

 材料准备

气球若干、毛衣1件、毛毯1张

实验步骤 >>>>>>

第一步：给气球吹气，并且打结封住开口处。

第二步：将气球向上托送至天花板，看气球是否会落下来。

第三步：把气球在毛衣上摩擦片刻，然后把它们送上天花板，看气球是否会落下来。

第四步：将毛衣穿一天，或者用胳膊和毛衣摩擦一会儿，看看是否有静电产生。

第五步：换成毛毯，再做一次实验，看看效果如何。

 想一想

1.在阴雨天气下，毛衣会不会产生静电？

_____

2.用手和毛毯摩擦一会儿，然后触摸金属，会发生什么？

_____

实验 大 揭秘

在寒冷干燥的北方冬季，人们常常因为静电而感到苦恼，伸手触碰到金属物品的时候，经常会感到触电一般。

晚上睡觉之前，关掉电灯，然后脱掉毛衣，在脱下毛衣的过程中，你可能会发现毛衣在黑暗中发出电火花，同时带有一阵噼里啪啦的声音。这正是静电导致的。

静电产生的电荷分为正负两种，正电荷用"+"表示，而负电荷则用"-"表示，电荷之间存在着相互作用，同性电荷相互排斥，异性电荷相互吸引。

如果把两个带有同样电荷的气球放在一起，就会发现它们会彼此排斥，向相反的方向飘过去。

实际上，静电也会对人体产生一定的不利影响，尤其是对幼儿、孕妇和老人。静电可致准妈妈体内孕激素水平下降，继而引发流产或早产，还会使人感到疲劳、烦躁和头痛等。

持久的静电还可能引起人体血液的pH值升高、血钙减少、尿中钙排泄量增加，因此有必要适当防范。

预防静电，可以通过以下措施进行：

1.在室内多种些花花草草，或者使用加湿器，让居住环境保持适当的湿度。

2.毛质或化纤质地的衣服容易产生静电，在干燥的季节里最好多准备些纯棉衣物。

3.看电视最好距离电视机3米以上，看完电视、用完电脑后要清洗脸部和裸露的皮肤。

4.避免长时间待在高楼大厦和电器聚集的屋子里，应该常常到室外走走，让体内积存的静电消耗掉。

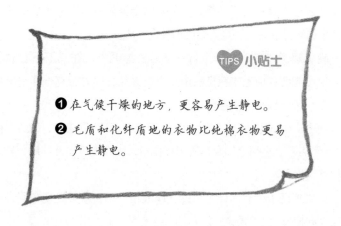

TIPS 小贴士

❶ 在气候干燥的地方，更容易产生静电。

❷ 毛质和化纤质地的衣物比纯棉衣物更易产生静电。

电灯开关是怎么工作的？

按一下开关，家里的电器就能打开或关闭，

开关为什么有这么大的"魔力"呢？

 材料准备

开关1个、灯泡2个、灯座装置2个、导线若干、电池1个

实验步骤 >>>>>

第一步：将灯泡安在灯座上，并且接上导线。

第二步：将灯座、开关、电池依次用导线连接，形成一个串联电路。

第三步：闭合开关，看看两个灯泡是不是都亮了；再断开开关，看看两个灯泡是不是都灭了。

第四步：将灯座、开关、电池依次用导线连接，形成一个并联电路。

第五步：断开其中一个灯泡的线路，看看另一个灯泡是否还亮。

第六步：断开总开关，看看两个灯泡是否都灭了。

第七步：任意拿掉一个灯泡，看另外一个灯泡是否工作。

 想一想

1.串联电路和并联电路的区别是什么呢？

_____

2.串联电路和并联电路是否能同时存在呢？

_____

实验大揭秘

电流并不是静止不动的，相反，它也会流动，就像河里的水一样，人们把电流经过的路径称作电路。它是由若干电气元器件按一定的方式连接起来的电流的通路。

比如，在本节所做的小实验中，电池—开关—灯泡这三个装置被我们用导线连接起来了，开关合上之后，电流就会从电池里面出来，通过开关，到达灯泡，最终使灯泡亮了起来。这种电池—开关—灯泡的循环，我们就把它叫作电路。

把各个电气元器件顺次连接起来，就组成了串联电路。我们常见的"满天星"小彩灯，常常就是串联的。在串联电路中，只要有某一处断开，整个电路就成为断路，灯泡也就不会亮了。

在并联电路中，电器都有单独的开关，关闭其中任何一个开关，都不会对其他电器的使用产生影响。例如，我们关了家里的电视机，并不影响冰箱、洗衣机等的工作，就是因为它们之间是并联的关系。

在家庭用电中，人们使用的是交流电。

交流电一般由三根电线组成，一条是火线，一条是零线，还有一

条是地线。火线是有电流的那根线，一般是红线；而零线没有电流，一般是蓝线；除此之外还有一条地线，地线又称避雷线，是用来把多余的电流引入大地的，能够预防触电，一般是黄绿相交的电线。

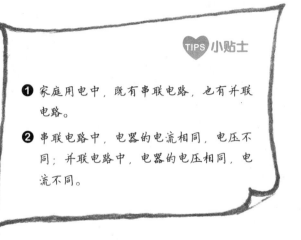

TIPS 小贴士

❶ 家庭用电中，既有串联电路，也有并联电路。

❷ 串联电路中，电器的电流相同，电压不同；并联电路中，电器的电压相同，电流不同。

什么是导体？什么是绝缘体？

家里停电了，电工师傅们竟然拿着电笔去碰电线，难道他们不怕触电吗？

 材料准备

玻璃杯1只、食盐适量、苹果1个、硬币1枚、木头1块、电池1节、小灯泡1个、灯座1个、导线若干

实验步骤 >>>>>

第一步：将灯泡安在灯座上，并且在灯座的两端连上导线。

第二步：将电池的正负两极连上导线，并且和灯座串联起来。

第三步：现在的电路仍然是断开的，依次接入不同材质的材料，看看哪些是导体，哪些是绝缘体。

第四步：切下一片苹果，将导线接入苹果片内，看看灯泡是否会亮。

第五步：再分别用硬币和木头试试，看看灯泡是否会亮。

第六步：在水杯里接一杯纯净水，看看灯泡是否会亮。

第七步：在水里加入一小勺食盐，待溶化后测试，看看灯泡是否会亮。

 想一想

1.记录下测试结果，看看哪些材料导电，哪些材料不导电。

2.如果把木头浸入水中，再拿来做实验，它还是绝缘体吗？

实验 大 揭秘

你有没有做过这样的实验？取出打火机里面的电子元件，按压的时候会有一股电流涌出。一只手拿着它，一只手触摸铁栏杆，然后用电子元件电击铁栏杆，这时你的手虽然没有直接触碰到电子元件上的导线，却仍然会感受到电流。

这是因为，电流通过铁栏杆传到了你的手上。在这里，铁栏杆就是导体。

根据电的性质，人们把物体分为导体、绝缘体和半导体。

生活中的导体比较常见，例如金属物品和水，它们的特点是可以让带电质点（电子或离子）自由移动。

在常温条件下，金属都是导体，电解液（酸碱盐）也能导电，所以人们一般把酸碱盐称为电解质。为什么电解液也能导电呢？这是因为电解质在水中发生了电离，产生了带有不同电荷的离子。一般情况下，电解液的浓度越高，导电性能就越好。

相比之下，绝缘体就是那些几乎不能导电的物质，例如橡胶、玻璃等，木头一般也不能导电，但是沾了水之后就会导电。

绝缘体的绝缘作用也不是绝对的，在某些条件下，如加热、高压等条件下，绝缘体会被"击穿"，从而转化为导体。

　　我们平时见到的许多电器，在出厂之前都要经受耐压测试，工人师傅们用几千伏的高压电施加到产品上，就是为了测试产品的绝缘程度，避免人们在使用过程中发生触电危险。

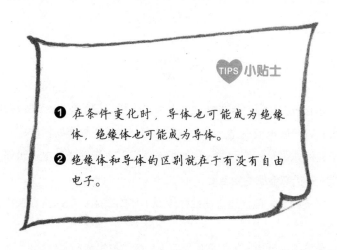

TIPS 小贴士

❶ 在条件变化时，导体也可能成为绝缘体，绝缘体也可能成为导体。

❷ 绝缘体和导体的区别就在于有没有自由电子。

为什么下雨的时候会打雷？

在炎热的夏天，天空乌云密布，轰隆隆的雷声不绝于耳，紧接着大雨倾盆而下。为什么下雨时总是伴随着电闪雷鸣呢？

材料准备

塑料泡沫1块、长钉子1根、摩擦起电机1台、五号电池2节

实验步骤 >>>>>>

第一步：关上屋子里的灯，一只手拿塑料泡沫，一只手拿钉子。

第二步：把泡沫在衣服或头发上摩擦1分钟。

第三步：慢慢地将钉子接近塑料泡沫，当钉子的尖头接近泡沫塑料时，你会看到什么？

第四步：拿出摩擦起电机，装上电池。

第五步：先调整好两个金属小球的距离（大约4到6厘米）。

第六步：再按下开关，足够大的高压电就会击穿空气，发出电火花，同时还有噼里啪啦的声响。

 想一想

1.将气球和摩擦起电机放在一起比较，谁放出的电量更多？

2.在实验过程中，你是先看到电火花，还是先听到声音？

实验大揭秘

天会下雨，下雨时会打雷，这是自然气象的变化。在我国，春夏两季是雨水多发季节，并且时常伴随着轰隆隆的雷声。秋冬季节则很少下雨，即便下了，也很少打雷。这是为什么呢？

我们已经知道梳子在摩擦的时候会产生电荷，其实空气也会发生摩擦，然后产生电荷。科学家们解释，每当下雨时，天空都会出现厚厚的积雨云，由于气流的摩擦，这些云层分别带上了正电荷及负电荷。当正负电荷的能量增加到一定程度，就会穿过云层放电，发出耀眼的光，也就是我们看到的闪电。

当正负电荷相遇时，会放出大量的热量，这些热量会使空气迅速膨胀，于是发出巨大的响声，这就是我们听到的雷声了。雷声分为三种：一种是非常响亮的，就像炸弹爆炸一样，人们称它为"炸雷"；一种比较沉闷，人们称它为"闷雷"；还有延续的时间比较长，但是声音不是十分刺耳，人们称它为"拉磨雷"，意思是它的声音就像以前人们拉磨时发出的声音一样。

最容易下雨打雷的地方是赤道带和热带，那里一年四季温度都很高，雨水也很充足，所以最容易下雨。

❶ 下雨的时候不要在大树下躲雨，以免受到雷击。

❷ 雷雨天不要触摸和接近避雷装置的接地导线。

磁铁为什么又叫吸铁石？

你家里有吸铁石吗？你有没有试过用吸铁石
吸附金属物品呢？

 材料准备

软木塞1个、缝衣针1根、铝片1片、剪刀1把、细线1根、
圆形吸铁石1块

实验步骤 >>>>>>

第一步：在软木塞的中心反插一枚缝衣针，另外找一块平整的
薄铝片，把它剪成圆形。

第二步：小心地把圆片的圆心放在针尖上，使它保持平衡，并
能沿水平方向转动。

第三步：用一根细线系住一块磁铁，把它挂在离圆片的中心很
近的位置。

第四步：把磁铁拧转30圈左右后松开手，磁铁旋转起来。

第五步：看看下面的圆片是不是也旋转起来了？

想一想

1. 将吸铁石翻过来，用另一面做实验，看看结果是否有什么不同。

2. 调整磁铁的距离，看看实验效果是否会发生改变。

实验 大 揭秘

在实验过程中，磁铁虽然没有和铝片发生接触，但当磁铁旋转的时候，铝片也跟着转动了。

这是因为磁铁旋转的时候，铝片受到旋转磁场的作用，产生了感生电流，同时感生电流本身也产生磁场。磁铁的磁场与感生电流产生的磁场相互作用，结果就使铝片受力而转动起来。

磁铁是一种很神奇的东西，它有一种看不见的力量，可以把一些东西吸附在它的表面。古希腊人和中国人发现自然界中有种天然磁化的石头，称其为"吸铁石"。

这种石头可以魔术般地吸附小块铁片，而且在随意摆动后总是指向同一方向。早期的航海者将这种磁铁用作为指南针，用来在海上辨别方向。先秦时代，我们的先人已经积累了许多这方面的认识，在探寻铁矿时常会遇到磁铁矿，即磁石（主要成分是四氧化三铁）。

在我们的生活中，也有很多磁体（具有磁性的物体，不仅仅局限于磁铁）。

PART 03

比如，电机就离不开磁体，火车也离不开磁体，就连理发用的电吹风也离不开磁体。我们能够听到磁带或唱片上的音乐，也是磁体的功劳。计算机用磁体来储存信息。地球本身也是一个大的磁体，并有它自己的磁力。

磁铁有两极，分别是南极（S极）和北极（N极）。磁铁也遵循着异极相吸，同极相斥的原理。

关于磁铁的两极，还有一个很有趣的规律，那就是每一块磁铁都有两极，也就是S极和N极。如果把一块磁铁从正中间切开，那么分离开的两块磁铁同样会有S极和N极。

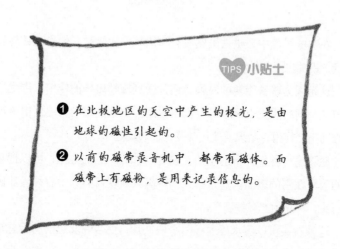

TIPS 小贴士

❶ 在北极地区的天空中产生的极光，是由地球的磁性引起的。

❷ 以前的磁带录音机中，都带有磁体。而磁带上有磁粉，是用来记录信息的。

如何制作一个简易指南针？

古人在海上航行时，用指南针确定方向。如何制作一个简易指南针呢？

 材料准备

长铁钉1根、软木塞1个、磁铁1块、回形针1枚、碗1只

实验步骤 >>>>>>

第一步：将长钉放在磁铁上，按照同一个方向摩擦几次。

第二步：试试用铁钉吸引回形针，看看能否吸引。

第三步：如果铁钉能够吸引回形针，说明铁钉已经被磁化了，可以继续下一步实验；如果不能，就在磁铁上多摩擦一会儿。

第四步：将铁钉敲进软木塞中，做成一个小·指南针。

第五步：向碗中倒入清水，然后将软木塞连同铁钉放在水里。

第六步：确保软木塞可以自由浮动，看看它会指向哪个方向。

 想一想

1.如果不在碗中加水，铁钉还能指向南北吗？

_____

2.如果用细线把铁钉平衡悬吊起来，铁钉能够指向南北吗？

_____

实验大揭秘

我们知道地球有南极和北极，根据"同极相斥，异极相吸"的原理，指南针会自动指向地球的南北两极。

磁铁影响的区域称为"磁场"，磁场的范围和磁力的大小有关。我们生活的地球也有一个大磁场，这个磁场非常强大，对地球上的每个角落、每个物体都会产生影响。

在实验中，我们用铁钉摩擦磁铁，使铁钉也具有了磁力，所以它会根据地球磁场来调整方向。

知道了这些知识，你是不是觉得指南针的秘密很简单呢？没错，指南针的原理十分简单，但是世界上任何一项发明和创造的过程都没有那么容易。

指南针是我国古代的四大发明之一。在指南针发明之前，人们常常迷路，分辨不出方向。那时，人们通常根据太阳和星星的方位来测定和分辨方向，可是在阴雨天，白天看不见太阳，夜晚也看不到星星，怎么能够分辨东南西北呢？为了解决这个难题，人们最终发明了指南针。

最早的指南针十分简陋，人们把一块铁片做成一条小鱼的形状，然后在铁片上放上一块磁石，使铁片具有磁性。再把铁片放在一块小木板上，让它能够自由移动，然后它就会自动转变方向了，最终准确无误地指向南方。

到了宋朝，人们做出了更方便的罗盘，把一枚小钢针磁化，放在倒扣的碗底，或者干脆放在手指甲上，就能指明方向了。

指南针的发明凝聚了我国古代人民的大量心血和智慧，是一项很了不起的发明。南宋时，指南针经由阿拉伯人传到欧洲，为欧洲航海家发现美洲和实现环球航行，提供了非常重要的条件。

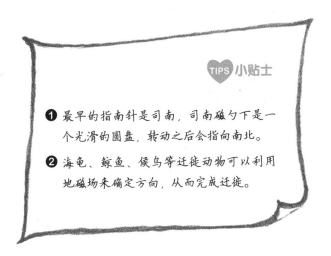

TIPS 小贴士

❶ 最早的指南针是司南，司南磁勺下是一个光滑的圆盘，转动之后会指向南北。

❷ 海龟、鲸鱼、候鸟等迁徙动物可以利用地磁场来确定方向，从而完成迁徙。

磁悬浮列车为何能够悬在空中？

呼……一列磁悬浮列车呼啸而过，它的速度太快啦！列车员叔叔说它能够悬浮在轨道上。这是怎么做到的呢？

材料准备

磁铁2块、橡皮1块

实 验 步 骤 >>>>>

第一步：准备两块磁铁和一块橡皮，将它们一上一下堆叠在一起，保持同极相对，N极与N极相对，或S极与S极相对。

第二步：将橡皮放在两块磁铁之间，然后用透明胶带把它们固定好。注意透明胶带不要用得太多，以免将磁铁和橡皮全部封住，只需在横方向粘一道胶带即可。

第三步：抽掉中间的橡皮，你会发现一块磁铁稳稳地悬在另一块磁铁的上面。

第四步：轻轻移动下面的磁铁，看看上面的那块磁铁是否也会跟着动。

1.如果把透明胶带去掉，两块磁铁还会保持悬浮状态吗？

_____

2.如果保持N极与S极相对，磁铁还会悬浮吗？

_____

实验 大 揭秘

　　磁铁的性质是同极相互排斥、异极相互吸引。在这个实验中，你会更清楚、更直观地看到它们相互排斥的样子。

　　磁悬浮列车是利用电磁铁工作的。列车上的电磁铁与轨道线圈产生的磁场极性相同，它们之间产生的巨大排斥力托起列车，使列车和轨道脱离，从而消除了摩擦。正是由于磁悬浮列车拥有这样杰出的优点，所以科学家们才会努力研发磁悬浮列车。

　　和火车、轻轨相比，磁悬浮列车虽然也有轨道，仍然属于陆上有轨交通工具，但是磁悬浮列车在运行的时候，不会与轨道之间发生机械接触，从根本上克服了传统列车轮轨间的黏着限制、机械噪声和磨损等问题，所以成为人们出行的理想交通工具之一。

　　磁悬浮技术的研究源于德国，早在1922年赫尔曼·肯佩尔先生就提出了电磁悬浮原理，并于1934年申请了磁悬浮列车的专利。

　　进入20世纪70年代以后，随着世界工业化国家经济实力的不断加强，为提高交通运输能力以适应其经济发展的需要，德国、日本、美国、加拿大、法国及英国等发达国家相继开始筹划进行磁悬浮运输系统的开发。

　　根据当时轮轨极限速度的理论，科研工作者们认为，轮轨方式运输所能达到的极限速度为每小时350千米左右，要想超越这一速度运行，必须采取不依赖于轮轨的新式运输系统。这种认识引起许多国家科研部门的兴趣，但后来都中途放弃。目前，德国和日本在磁悬浮领域系统的研究中均取得令世人瞩目的进展。

　　磁悬浮的速度究竟可以达到多快呢？对于这个问题，人们有不同的答案。1989年德国开发的一款磁悬浮列车，速度达到了每小时436千米。然而这还不是最快的，日本JR东海磁悬浮列车曾创造了每小时581千米的纪录。

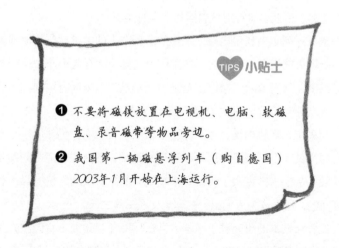

TIPS 小贴士

❶ 不要将磁铁放置在电视机、电脑、软磁盘、录音磁带等物品旁边。

❷ 我国第一辆磁悬浮列车（购自德国）2003年1月开始在上海运行。

铁砂会自动"站"起来吗?

在有些地方,河里有许多铁砂,如果光凭双手,我们是很难将铁砂区分出来的,但是用磁铁帮忙的话,就会简单多了。

 材料准备

沙子少许、磁铁1块、塑料袋1只、白板1块

实验步骤 >>>>>>

第一步:从河边或建筑工地旁找一些沙子,然后用塑料袋装回来。

第二步:将沙子倒在地上,堆成一个小堆。

第三步:将磁铁放在塑料袋里,然后连同塑料袋一起,放在沙子里慢慢地移动。过一会儿,你就会看到塑料袋的外面吸附着很多铁砂了。

第四步:把准备好的白纸板铺在桌子上,拿出塑料袋里的磁铁,轻轻抖动塑料袋,外面的铁砂就都会掉下来,落到白纸板上。

第五步:拿一块马蹄形的磁铁放在白纸板下面,吸引铁砂,看看铁砂是否自动"站"了起来。

 想一想

1.如果不用塑料袋包住磁铁，直接去吸沙子里的铁砂，会发生什么？

2.用磁铁在白纸板下面左右移动，看看铁砂会有什么反应。

实验大揭秘

磁铁之所以能够吸住沙子里的铁砂，是因为铁砂的主要成分是铁。当我们把不同形状的磁铁放在纸板下面时，铁砂呈现出不同的图形，其实就是磁铁磁感线的轨迹。

磁感线是用来描述磁场分布的曲线，曲线的方向代表磁场的方向。实际上磁感线并不是真实存在的曲线，它只是人们用来帮助理解磁场的工具。

磁感线的概念是著名物理学家法拉第最先发明并将其引入物理学的。在电场中可以用电场线形象地描述各点的电场方向，在磁场中同样可以用磁感线来描述各点的磁场方向。

为了帮助理解磁感线的概念，我们可以想象一下磁场，然后假设把一个小磁针放在这个磁场中，这时小磁针的两极就会指向确定的方向。

这个现象说明，磁场是有方向性的，物理学中规定，在磁场中的任意一点，小磁针的北极（N极）所指的方向为磁感线的方向。磁

电磁小实验

铁周围的磁感线都是从N极出来进入S极，在磁体内部磁感线从S极到N极。

在不同的磁场中，判断磁感线的方法也不相同。条形磁铁和蹄形磁铁的磁感线判断起来比较简单，在磁铁外部，磁感线从N极出来进入S极；在磁铁内部，则从S极到N极。

❶ 我们可以用右手定则来判定环形电流的磁场方向。右手定则通常也叫安培定则，让右手弯曲的四指和环形电流的方向一致，伸直的拇指所指的方向就是圆环的轴线上磁感线的方向。

❷ 在直线电流磁场的磁感线分布中，磁感线是以通电直线导线为圆心作无数个同心圆，同心圆环绕着通电导线。

磁与电之间有什么关系吗?

在生活中，人们常常将电和磁铁联系在一起，它们之间存在什么联系吗? 做完下面这个小实验，你就会知道了。

 材料准备

漆包线1根、火柴盒1只、电池1节、小马达1个、曲别针2个、小木板1块

实验步骤 >>>>>

第一步: 准备一根直径0.4毫米、长2000毫米的漆包线，用漆包线在火柴盒上绕成50毫米×35毫米的长方形线圈。

第二步: 两线头在线圈上扎几圈后，从线圈的同一面拉出，并处在同一直线上。

第三步: 用两个曲别针做一个电动机的支架，然后固定在小木板上。

第四步: 把线圈放在支架上，它的一面朝下，刮光两线头朝下半边的漆。

第五步: 最后把磁铁固定在线圈的一侧。

第六步: 在漆包线上接上一节电池，线圈就会自动旋转起来。

 想一想

1. 多准备几块磁力不同的磁铁，轮流拿来做实验，看看线圈转动速度是否相同。

2. 交换电池的正负极，看看线圈的旋转方向是否发生改变？

实验 大 揭秘

把一块铁放在磁铁周围，磁铁就会对铁块产生吸引作用，这时我们就认为磁铁具有磁性。

实际上，磁铁的磁性能够对多种金属物质产生影响，如铁、钴、镍等，但也有一些金属完全不会被磁铁吸引，如铜、铝等，这些金属是没有原磁体结构的，因此不能被磁铁所吸引。

电和磁看起来似乎并没有什么关联，况且这两种力本来就无法用肉眼直接看见，人们只能通过实验去感受它们的存在。电路的一部分导体在磁场中做切割磁感线运动，导体中就会产生电流。这种现象叫作电磁感应现象，由此产生的电流称为感应电流。

18～19世纪，法国著名的物理学家安培提出了一个猜想，他根据自己以往进行的实验和研究，认为磁体的分子内部存在一种环形电流，也就是分子电流。由于分子电流的存在，每个磁分子都成为一个小磁铁，磁铁的两端就成为两个磁极。通常，磁铁内部的分子电流是杂乱无章的，它们产生的磁场相互抵消，几乎不产生磁性。但是当外界磁场作用以后，分子电流的取向大致相同，分子间相邻的电流作用抵消，而表面部分没抵消，它们的效果显示出宏观磁性。

当时，安培的理论只能算是猜想，因为他无法拿出有力的证据，然而随着科学水平的发展，人们逐渐发现，这个理论也有一定的合理性。今天，我们已经知道物质是由分子组成的，而分子又是由原子组成的，原子中又有电子，因此安培的分子电流假说有了根据，它已经成为认识物质磁性的重要依据。

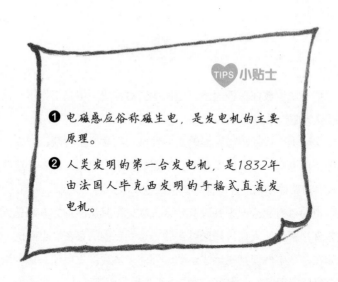

TIPS 小贴士

❶ 电磁感应俗称磁生电，是发电机的主要原理。

❷ 人类发明的第一台发电机，是1832年由法国人毕克西发明的手摇式直流发电机。

实验总结

　　电和磁是两种不同的现象，但是在物理学中，人们常常把它们联系在一起。电和磁之间有一定的联系，在某些条件下，电能可以转化为磁力，而磁力有时也会转化为电能。

　　1831年8月，英国一位著名的物理学家、化学家法拉第做了一个小实验，他在一个铁环的两侧分别绕上了两个线圈，其中一个是闭合回路。在导线下端附近，法拉第平行放置一个磁针，另一个与电池组相连，接开关，形成有电源的闭合回路。经过实验发现，合上开关，磁针偏转；切断开关，磁针反向偏转，这表明在无电池组的线圈中出现了感应电流。法拉第立刻意识到，这是一种非恒定的暂态效应。

　　紧接着他做了几十个实验，发现了磁力和电力之间的关系，法拉第把这些现象正式定名为电磁感应。

　　后来，法拉第又发现，在相同的条件下，不同金属导体回路中产生的感应电流与导体的导电能力成正比。由此，法拉第认识到，感应电流是由与导体性质无关的感应电动势产生的，即使没有回路，也没有感应电流，感应电动势仍然存在。

　　电磁感应现象的发现，是人类在科学领域中的重大进步，也是最伟大的成就之一。正是由于它揭示了电与磁之间的联系，才使得人们有机会掌握发电的技术。

　　事实证明，电磁感应在电工、电子技术、电气化、自动化等方面都有非常广泛的应用。

物理书上说切割磁场会产生电流，
你可以利用导线、电流表、马蹄形
磁铁和铁片验证这个原理吗？

PART 04

空气
小实验

空气是怎样移动的?

空气无色无味，无法用肉眼看见，但它是真实存在的，时时刻刻在流动。我们用什么方法才能够看见空气的移动呢?

 材料准备

鞋盒1个、蚊香1盘、蜡烛1根、硬纸2张

实验步骤 >>>>>>

第一步: 找一个空的鞋盒，在鞋盒的侧面开两个圆孔。

第二步: 用硬纸做两个纸筒，把它们插在两个圆孔中。

第三步: 把盒子侧放，纸筒口向上。

第四步: 把一小段点燃的蜡烛放置在盒内任一纸筒下方，把盒子盖好。

第五步: 点燃一段蚊香，放在下面有蜡烛的纸筒顶端。

第六步: 把蚊香放在下面没有蜡烛的纸筒上方，烟会从另一个纸筒冒出来。

想一想

1.吹一口气，看看蚊香的烟是怎样流动的。

_____

2.如果在蚊香烟的下方点燃一根火柴，还能看到烟吗？

_____

实验大揭秘

在实验中，蚊香燃烧产生的烟，从鞋盒另一端的纸筒冒出来了，为什么会出现这种现象呢？

这是因为鞋盒中的蜡烛燃烧时产生的热烟气从上方的纸筒冒出来，冷空气便会从另一个纸筒流进鞋盒内补充并维持燃烧，其时蚊香的烟也随着空气的流动进入鞋盒内。随着蜡烛产生的热烟气不断从纸筒冒出，蚊香的烟也就随着这些热烟气从蜡烛上方的纸筒又冒了出去。

通过这个实验，我们可以直观地体会到空气的流动。

虽然说空气是无色无味的，但是在日常生活中，我们可以通过风的吹拂、花粉的清香、灰尘的起伏，感受到空气的流动。

TIPS 小贴士

❶ 物体移动的速度接近音速时，由于空气的阻力，会产生短暂而极其强烈的爆炸声，称为音爆。

❷ 地球空气的80%集中在离地面15千米的范围内。

地球上的大气压是怎么回事?

科学家们说地球表面有大气压,可是大气压究竟是怎么回事呢?大气压有什么作用呢?

 材料准备

纸杯1个、硬纸片1张、剪刀1把、牙签1根

实 验 步 骤 >>>>>

第一步:把杯子装满水,要确保水面和杯口持平,这样才能保证实验顺利完成。

第二步:把纸片剪成大于水杯口的形状,并把它盖在杯子上。

第三步:用手掌使劲压住纸片,快速把杯子倒过来。

第四步:慢慢地松开压着纸片的手。

第五步:看!纸片牢牢地"粘"在杯子上,杯子里的水也没有洒出来。

第六步:用牙签慢慢地刺入纸片和杯口之间,你会发现什么?

1.把纸片换成塑料袋，实验结果会有什么不同吗？

2.如果事先在纸杯上刺一个小孔，实验结果会有什么不同吗？

实验大揭秘

当手离开纸片的那一刹那，相信小朋友们会感到好奇，为什么水没有流出来呢？

其实，这是大气压的作用。空气是个不折不扣的大力士，它可以把纸片牢牢地压在杯子下面。因为水杯里没有空气，所以外界的空气就会给纸片施加压力，把它牢牢地压在杯子上。与其说是纸片托住了一杯水，不如说是大气压力帮助了纸片。

在古罗马时代，人们注意到一个现象：在超过10米深的井里，抽水泵就无法再把水抽出来了。后来，人们无意之中又发现，只要把水管里的空气抽掉，水就会沿着水管往上流。但是他们无法解释其中的道理，甚至有许多人认为，这是神不喜欢真空，古希腊著名学者亚里士多德就曾经说过"大自然讨厌真空"。

1643年，意大利科学家托里拆利做了一个实验，他设计了一根1米长的玻璃管，一端封闭，一端开口。他让助手把玻璃管灌满水银，然后用手指堵住开口的一端，将管子颠倒过来，使开口的一端朝下，再放进一个装满水银的水槽里，并且悬挂起来。当他松开手指时，玻璃管内的水银立即下降，直到76厘米高时才停止下降。

　　托里拆利设计的这个实验装置，是世界上第一个能够测量出大气压力的装置。

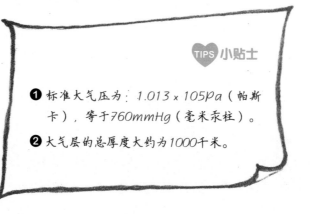

TIPS 小贴士

❶ 标准大气压为：1.013 x 105Pa（帕斯卡），等于760mmHg（毫米汞柱）。

❷ 大气层的总厚度大约为1000千米。

孔明灯为什么可以飞上天？

微风习习的夜晚，天上出现了点点灯光，如同夜空中的星星，美丽极了。其实，这点点灯光正是人们放飞的孔明灯。动动手，自己制作一个孔明灯吧！

材料准备

薄纸3张、固体酒精1块、细铁丝若干、铅笔1根、剪刀1把、老虎钳1把、胶水1瓶

实验步骤 >>>>>>

第一步：将三张大薄纸依次上下叠放。

第二步：将薄纸对折，以长边为椭圆长半径，用笔画一个半椭圆形。

第三步：沿笔迹将边角料剪下，展开后成为一个椭圆形的纸片。

第四步：取出胶水，将裁剪好的三张纸粘成一个锥形。

第五步：用老虎钳夹一段细铁丝出来，并将细铁丝弯成一个圆形。

第六步：在铁丝圆圈的中间，用铁丝搭成一个"十"字，并预留出放固体酒精的位置。

第七步：找一个空旷的地方，装上酒精，然后点燃酒精，放飞孔明灯。

1. 想一想，为什么放飞孔明灯要选择在空旷的地带？

_____

2. 从市场上购买一盏孔明灯回来，比较一下，看看你做的孔明灯有什么缺点。

_____

实验 大 揭秘

孔明灯，俗称许愿灯，也叫天灯、云灯、平安灯、幸福灯、情侣灯、爱情灯等，是一种可以放飞的灯，据说由三国时的诸葛亮所发明。

相传，诸葛亮有一次率军出战，被司马懿指挥的魏军重重围困在平阳，形势十分危急，全军上下束手无策。眼看着就要全军覆没，诸葛亮想出了一个好方法。他命人拿来上千张白纸，制成无数个会飘浮的纸灯笼，然后系上求救的讯息，再把纸灯笼放飞天空。魏军看见天上飘着的灯笼，都感到惊疑不定，他们不知道这些漂浮在半空中的火光究竟是什么，还以为是诸葛亮施行的法术。不久，援兵就来了，蜀军得以脱险。因为诸葛亮字孔明，后人就称这种灯笼为孔明灯，并把放孔明灯变成一种节庆仪式。

关于孔明灯的来历，民间还有很多种说法，但都和诸葛亮有关。比如，有些人认为，这种灯笼的外形很像诸葛亮戴的帽子，因此得名"孔明灯"；还有些人认为，在每次大战之后，诸葛亮都会命人燃放

天灯，祭奠阵亡的三军将士，在寄托哀思的同时，为阵亡的将士照亮通往天堂的路，故而取名"孔明灯"。

孔明灯本质上就是一个热气球，和现代大型热气球的基本原理是相同的。它们的基本原理都是热胀冷缩。当孔明灯或热气球中的空气受热膨胀后，比重会变轻而向上升起，从而排出孔明灯或热气球中原有的空气，使自身重力变小，空气对它的浮力就会把它托起来，使它缓缓升上天空。

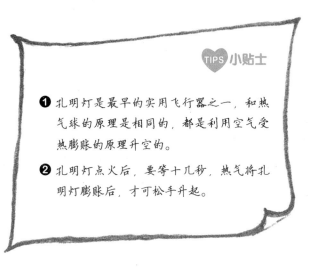

TIPS 小贴士

❶ 孔明灯是最早的实用飞行器之一，和热气球的原理是相同的，都是利用空气受热膨胀的原理升空的。

❷ 孔明灯点火后，要等十几秒，热气将孔明灯膨胀后，才可松手升起。

氢气球是怎么飘起来的？

在节日里，人们喜欢放飞氢气球来庆祝。氢气球为什么能够飞到天上去呢？我们不妨来做个实验吧！

 材料准备

气球4个、氢气1罐、氢气球打气筒1只

实 验 步 骤 >>>>>

第一步：拿出两个气球，用嘴吹气，一个吹得满一些，一个少一些。

第二步：将两个气球放在同一高度，然后放下，看看哪个落得快。

第三步：分别给两个氢气球充上气，一个充得满一些，一个充得相对少一些。

第四步：将两个氢气球放在同一高度，然后松手，看看哪个气球上升得快。

 想一想

1.如果把氢气球和普通的气球用绳子拴在一起，会发生
　什么？

_____

2.在氢气球下面绑上几根彩带，看看彩带会不会飞得比气
　球高。

_____

实验 大 揭秘

　　氢气是一种无色无味的气体，它与氧气燃烧反应后会生成水。氢元素的作用很大，如果没有了氢，世界就没有阳光和热量。氢气还能提高从原油中提炼石油的产量。

　　氢气的质量很小，在常见的各种气体中间，它的密度和质量是最小的，只有空气的1/4。所以用氢气灌装的气球，质量非常小，必须用绳子固定住，否则就会升上天空。

　　在实验过程中，我们可以发现，充满气的氢气球上升速度更快，而未充满气的氢气球上升速度相对较慢。

　　但随着高度的增加，外界的气压不断降低，所以气球受到的气压会不断增大，最后会胀破。而没有充满气的氢气球，上升速度虽然比较慢，却可以升得更高，因为它还有足够的空间继续膨胀，直到气球里面的气压大于周围空气的气压，它才会最终胀破。

　　氢气球虽然好玩，但是在做实验的时候，千万要小心。因为氢气是一种极易燃烧的气体，遇到明火容易发生爆炸。当空气中的氢气比例为4%~75%时，遇到火源，可引起爆炸。

小朋友们在平时最好远离氢气球，如果要玩，一定注意不能接触明火！

❶ 除了氢气以外，氦气也常用于给气球充气，而且氦是惰性气体，远比氢气安全，不会爆炸。

❷ 1780年，法国化学家布拉克制成了人类的第一个氢气球，当时他用的不是气球，而是猪膀胱。

飞机是怎么飞起来的?

和鸟儿相比，飞机是庞然大物，为什么也能飞到高高的天上呢? 接下来，我们就用两张小纸条来演示一下直升机螺旋桨的运动吧，看看它是怎样旋转的。

 材料准备

白纸1张、胶带1卷、剪刀1把

实验步骤 >>>>>>

第一步: 用剪刀裁出一条5厘米宽, 10厘米长的纸条。

第二步: 将纸条纵向对折，在一端折10次以增加重量。

第三步: 用胶带将折叠好的纸条固定起来，确保纸条不会散开。

第四步: 在另一端，沿中间折线剪下5厘米左右，并使剪下部分外翻折叠形成两个小翅膀。

第五步: "直升机"的螺旋桨就做好了。

第六步: 从高处放下这个小·"直升机"，它会不断旋转，并慢慢降落到地面。

 想一想

1.与普通的纸飞机相比，这款纸飞机的运动有什么特点？

_____

2.将纸飞机翻过来，再从高处放下，还会有相同的效果吗？

_____

实验大揭秘

古时候，人们看着天上的飞鸟，总是十分羡慕，因为飞行可以让人们跨越地形的限制，到达更加遥远的地方。但是直到一百年以前，人们还没有真正实现飞行的梦想。

而在今天，大型的喷气式飞机可以不超过七小时就跨越大西洋，在中国，人们可以在三个小时内乘坐飞机到达任何一个城市。飞机是最快的交通工具，因为它可以飞越高山和海洋等障碍物。

飞机是怎么飞起来的呢？我们不妨自己找一张纸，把这张纸平放，吹口气，我们会感觉到这张纸是不会产生升力的。但如果我们倾斜地放这张纸的话，也就是说纸的前沿朝上，后沿朝下，然后吹一口气，我们就会感觉到，纸面产生了向上升的力。这里面就包含着飞机飞起来的最基本的原理。

它的基本原理是什么呢？就是气体的流动对于对称物体来讲是不产生升力的。

相反，通过一个非对称物体的话，它就会产生升力。机翼的造型会使机翼上下两侧在快速前进的过程中产生空气的压力差，由此

产生向上的升力。当机翼产生的升力大于机身的重量时，飞机就飞起来了。

　　现在，人们已经设计出各种各样的飞机了，从民航客机到直升机，再到超音速飞机。最普通的喷气式客机的速度也可达到每小时850千米，而高功率的喷气式引擎能使战斗机最快达到每小时3200千米的速度——比声音的速度快三倍。

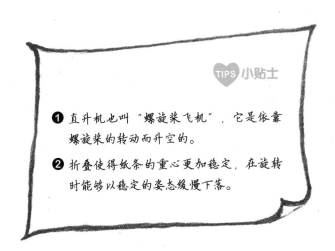

TIPS 小贴士

❶ 直升机也叫"螺旋桨飞机"，它是依靠螺旋桨的转动而升空的。

❷ 折叠使得纸条的重心更加稳定，在旋转时能够以稳定的姿态缓慢下落。

杯子里的水为什么会升高？

拿一个玻璃杯，倒扣在水盆里，有没有什么办法，可以让玻璃杯的水位升高呢？

 材料准备

玻璃杯1个、水盆1个、毛巾1条、热水1瓶

实验步骤 >>>>>>

第一步：在水盆里盛一点水，然后用记号笔标记下水位。

第二步：拿一只玻璃杯倒扣在水里。

第三步：此时，我们可以看到，杯子里面和杯子外面的水位是相同的。

第四步：在杯子上也画一个记号，标记下水位。

第五步：把毛巾泡在热水里，然后拿出，捂在玻璃杯上。

第六步：过一会儿，就会看到有气泡溢出水面，等气泡不再外溢，把热毛巾拿走。

 *想一想*

1.看看杯子里的水位，是否超过了记号标记的位置？

_____

2.看看水盆里的记号，水位是否下降了？

_____

实验 大 揭秘

空气受热之后便会膨胀，同时密度也会减小，但是它的质量不会发生改变。

根据这个原理，人们在生活中发现了很多有趣的小技巧。例如，当你不小心把乒乓球踩瘪了一块的时候，完全不必惊慌，只需要往水盆里面倒一点开水，然后把乒乓球丢进去，接着就会看到乒乓球自动鼓了起来，是不是非常神奇？

烧开水时，壶里的水不能装得太满，防止水受热膨胀溢出来；铺设铁轨时，铁轨之间要留出一定的空隙，使铁轨在夏天受热时有伸展的空间；夏季安装高压电线时，电线不能拉得太紧，让电线有伸缩的余地，否则天一冷电线收缩，就会绷断，容易导致危险事故的发生。

要想使杯子里面的水位自动升高，其实我们还有另外一个办法。我们可以用夹子夹着一小团棉花，沾上一点酒精，把酒精点燃，用另一只手倒拿玻璃杯，用点燃的棉球，烘一烘杯内的空气，再迅速地把杯子倒扣在清水里，杯内的水面也会拔高。

这两种办法都是先把玻璃杯内的空气加热，使杯内空气膨胀密度变小。这时杯子扣在水中，等到杯子冷却以后，杯内空气的温度降低，杯内空气的压强减小，在杯外大气压强的作用下，杯内的水就要升高。

　　根据这个方法，人们发明了拔罐，拔罐就是利用空气的负压，改善人体的生理状态，从而达到治疗疾病的效果。

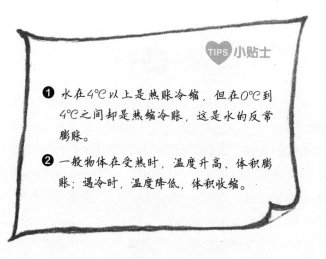

TIPS 小贴士

❶ 水在4℃以上是热胀冷缩，但在0℃到4℃之间却是热缩冷胀，这是水的反常膨胀。

❷ 一般物体在受热时，温度升高、体积膨胀；遇冷时，温度降低，体积收缩。

吸管也能穿透马铃薯吗？

你玩过吸管吗？是不是轻轻一折，就会弯掉？其实吸管的力量也是很大的，只要方法得当，可以轻轻松松扎进马铃薯里。

 材料准备

吸管2根、马铃薯1个、纸巾1张、橡皮泥1块

实验步骤 >>>>>

第一步：准备好两根吸饮料用的吸管，拿出其中的一根，用手轻轻掰一下，看看吸管有多硬。

第二步：拿出另一根完好无损的吸管，准备做实验。

第三步：吸管的平口朝向自己，尖口朝向前方。

第四步：用橡皮泥封住吸管的平口，然后垫上一张纸巾，确保吸管这一端是密封的。

第五步：拿起吸管，对准马铃薯，保持垂直方向，快速插入马铃薯里。

 想一想

1.试一试，将吸管斜着插，看看是否还能插入马铃薯里。

_____

2.如果吸管的平口没有密封，是否还能扎进马铃薯里？

_____

实验大揭秘

在这个实验中，我们把吸管的一端密封了，空气被堵在了吸管里，当另一端插入马铃薯时，空气就被封在吸管里动弹不得。

随着吸管插入马铃薯的深度加大，吸管内的空气体积不断被压缩。这些空气只好拼命顶住吸管壁，这时的吸管就变得十分坚硬了，就像一根筷子，可以穿透整个马铃薯了。

实际上，仅仅凭借一块橡皮泥和一张纸巾，根本不可能将吸管完全密封，因为空气的密度是很小的，它可以穿过非常细小的缝隙。但是在这个实验中，尽管没有做到完全的密封，空气依然能发挥出了它的力量。

可见，空气是一种非常有用的工具。只要使用的方法得当，空气完全可以发挥出超乎人们想象的作用。

现在，人们掌握了更高明的密封技术，压缩空气的应用也越来越广泛了，如我们游泳时使用的救生圈、打捞沉船时使用的浮囊和浮箱，等等。

压缩空气是一种重要的动力源，与其他能源相比，它具有下列明

显的特点：清晰透明，输送方便，没有特殊的有害性能，没有起火危险，不怕超负荷，能在许多不利的环境下工作，而且空气取之不尽，用之不竭。

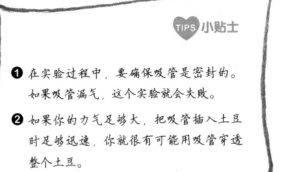

TIPS 小贴士

❶ 在实验过程中，要确保吸管是密封的。如果吸管漏气，这个实验就会失败。

❷ 如果你的力气足够大，把吸管插入土豆时足够迅速，你就很有可能用吸管穿透整个土豆。

怎样制作一枚"小火箭"？

看着电视上火箭升空的场面，是不是很激动很壮观呢？你可以做出一枚属于自己的小"火箭"吗？

 ### 材料准备

剪刀1把、透明胶带1卷、橡皮泥1块、纸1张、软塑料瓶1个、粗吸管1根、细吸管1根

实验步骤 >>>>>

第一步：用剪刀在软塑料瓶的瓶盖上钻一个小孔，然后插入细吸管，并用透明胶带把缝隙封住。

第二步：在一根可以轻易套住细吸管的粗吸管的一端封上橡皮泥，做成小火箭的头部。

第三步：再用纸围成一个圆圈，粘到粗吸管的尾部，当作小火箭的平衡器。这样，小火箭就做好了。

第四步：把细吸管插入小火箭的粗吸管尾部。

第五步：用力捏一下塑料瓶，小火箭就嗖地飞出去了。

1.要想小火箭飞得更高，应该用大瓶子还是小瓶子？

_____

2.如果在瓶子里装满水，捏瓶子的时候，小火箭还会发射吗？

_____

　　在实验中，我们并没有做出真正的火箭，而是用简单的材料模拟火箭升空。

　　用力捏软料瓶时，里面的空气由于受到挤压，通过小吸管压向橡皮泥，并迅速充满了吸管。小火箭在空气的压力下脱离细吸管，里面的压缩空气立刻膨胀起来，向后喷射，而瓶盖对气流的反作用力推动小火箭向前飞行。

　　现实中的火箭是航天飞行的运载工具，都是庞然大物。火箭靠发动机喷射产生反作用力，实现向前推进。工作时，火箭内部的燃料被点燃，拖着一团熊熊燃烧的火焰，推着火箭升上天空。

　　据史书记载，早在1232年，中国人就已经研制出了一种古老的"火箭"。虽然名字叫作火箭，但是它和今天的火箭完全不是一类事物。那时候的火箭还很简陋，只能飞很近的距离，飞出去的时候就像一颗烟花一样。

　　火箭最初是用来打仗的，后来逐步应用于非军事目的。现在人们已经研制出了许多种火箭，其中一些推力较大的被用来载人航天。例如，中国人自己研制的神舟飞船，就是利用长征二号F火箭送上太空的。

　　未来，我们还将研制更加先进的火箭，让载人航天事业更上一层楼。

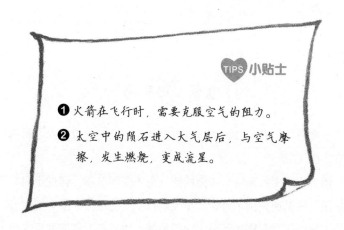

TIPS 小贴士

❶ 火箭在飞行时，需要克服空气的阻力。

❷ 太空中的陨石进入大气层后，与空气摩擦，发生燃烧，变成流星。

气垫船是怎样前进的？

晴朗的天空下，一艘船从水面上飞驰而过，紧接着又冲上了岸。原来这是一艘气垫船！

材料准备

圆木块1块、玻璃板1块、细竹管1根、打气筒1个、胶水1瓶

实验步骤 >>>>>

第一步：找一块光滑的圆木片，直径约为5厘米，厚度约为2厘米。在它的中心打一个孔，塞进一根空心的小竹管，竹管的头部不要在木块的底上露出。

第二步：在小孔与竹管的接缝处涂上胶水，使竹管不能在小孔里转动。

第三步：取一根较长的细皮管，一头紧紧套在细竹管上，另一头通过一个接头与打气筒相连。

第四步：把木块放在平整光滑的玻璃板上，在玻璃板的一头垫上几本书，使得玻璃板稍稍倾斜。

第五步：用力打气，木块会顺着玻璃板滑下去。如果一边打气，一边用手指弹一下平放在玻璃板上的木块，木块也会飞出去。

 想一想

1.调整吹气力度的大小，看看小"船"飞得有多高？

2.把木片换成硬纸板，效果会有什么不同吗？

实验大揭秘

气垫船是一种奇特的船，为什么这么说呢？因为它和普通的轮船不一样。

普通的轮船在水面上行驶时，船身有一部分是沉在水下的，前进时乘着海风，劈开海浪。但是气垫船在前进的时候，船身不会沉在水下，反而是飘浮在水面上的。

早在100多年前，人们就已经开始探索研制气垫船的可能性了，但是直到20世纪50年代才成功造出来。1959年，英国一家船厂造出了世界上第一艘气垫船，并成功渡过英吉利海峡。

气垫船的船底设有环形喷口，气流从喷口向外倾斜着高速喷出，就像一只打气筒倾斜着朝气垫船下面打气一样。

在本实验中，由于打气时，受压的空气经皮管从小竹管喷出，在这股空气压力下，木块被顶起，木块和玻璃板之间存在一层薄薄的空气。因为空气的摩擦阻力极小，所以木块稍微倾斜就能移动，或者稍推一下也能移动。

现在的气垫船就是运用这个道理制成的，不过，它前进时可不是

用人推，而是由螺旋桨推动。

❶ 美国是最早把气垫船用于实战的国家。

❷ 很多气垫船的速度都可以超过50节（航海上，表示速度用"节"，1节等于每小时 1海里，也就是每小时行驶1.852千米）。

怎样造出云雾缭绕的仙境?

在电影里，神仙们在云雾缭绕的仙境飞来飞去，我们都知道这是人们造出来的景象，但是这些云雾是怎样造出来的呢?

 材料准备

大理石颗粒、10%稀盐酸、弯玻璃管1根、塞子1个、杯子1个、细口瓶1个、火柴1盒

实验步骤 >>>>>

第一步：拿出一个细口瓶，在杯子里放入一些大理石。

第二步：再加入浓度10%的稀盐酸，瓶里就会产生一些气泡。

第三步：把弯玻璃管插在塞子上，然后用塞子把瓶子塞紧，用杯子收集玻璃杯中产生的气体。

第四步：把点燃的火柴放在杯口，如果火柴灭了，说明气体已收集满，马上把杯子盖住。

第五步：拿着杯子，慢慢倾倒，可以看到气体像倒水一样缓缓地流出来了。

 想一想

1. 把火柴点燃，然后放进收集的气体里，火柴还会继续燃烧吗？

2. 气体集满以后，用手摸一摸杯子，杯子是否比之前更凉了？

实验大揭秘

第一次听到"干冰"这个名字的时候，很多人误以为干冰就是冰，其实不然。

冰的主要成分是水，而干冰的主要成分是二氧化碳。在常温条件下，二氧化碳主要以气体的形态存在，如果对二氧化碳进行加压和降温，它还可以变成液态的。如果进一步降温和加压，它还能变成固态的。干冰就是固态的二氧化碳。

二氧化碳的质量比较大，所以它能够像水一样被"倾倒"出来。而且干冰的温度比较低，在常温下很容易发散，这就形成了云雾缭绕的效果。在舞台上，人们常常用干冰营造出仙境般的效果。

干冰还可以用于人工降雨，因为它的气温很低，人们利用飞机、火炮等方式把干冰撒在空中，它就能迅速吸收大量的热量，使得天空中的水分凝结，变成雨点落下来。

在一般情况下，二氧化碳是一种无色无味的气体，它既不能燃烧，也不能助燃，它充斥在火焰周围把空气和燃烧物隔开。

正是由于二氧化碳的这种特性，所以人们制造了二氧化碳灭火器。我们通常见到的红瓶子的灭火器，里面装的可能就是二氧化碳。

二氧化碳在生活中有很多用处，例如我们喝的一些饮料里就有二氧化碳。不信你打开一瓶可乐，就会看到那些高压下溶解到水里的二氧化碳如释重负，纷纷冒出水面。你再晃动几下看看，是不是产生了更多气泡？

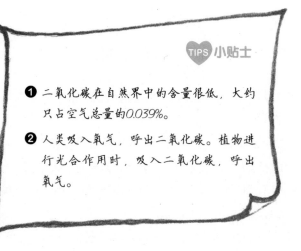

TIPS 小贴士

❶ 二氧化碳在自然界中的含量很低，大约只占空气总量的0.039%。

❷ 人类吸入氧气，呼出二氧化碳。植物进行光合作用时，吸入二氧化碳，呼出氧气。

降落伞的原理是什么？

有个人从高空中的飞机上跳了下来，正当人们惊呼时，他的上方已经打开了一张巨大的降落伞，然后慢慢地安全降落到地面。为什么降落伞能够减缓人们下落的速度呢？

 材料准备

手帕1块、缝纫线1卷、胶带1卷、橡皮泥1块、剪刀1把

实验步骤 >>>>>

第一步：扯出一段长线，用剪刀剪断。然后将这根线对折两次，剪成4根同等长度的细线。

第二步：打开手帕，将手帕平铺在桌子上，然后在手帕的四个角上，分别用胶带粘上一根细线。

第三步：将四根细线的末尾聚拢在一起，打个小结。

第四步：将橡皮泥包裹在小结上，搓成球状使线头缠绕其中。

第五步：小小的降落伞就这样做好了。

第六步：把降落伞抛向空中，看看它是怎样降落的。

 想一想

1.试试用不同的材料制作伞盖，看看纸伞和布伞有什么区别。

2.找一个更大的布片，重新制作一个降落伞，看看大伞和小伞哪个效果更好。

实验大揭秘

你有没有尝试过，在大雨天打伞，大风吹着雨伞，是不是很难拿稳呢？因为风给雨伞造成了很大的阻力，降落伞就是利用这个原理制成的。

降落伞的作用就是减缓速度，它的效果受到两种力量的影响：地球引力使它向地面下落，与此同时，空气却阻碍它的运动，减缓下落的速度。地球的引力大大强于空气的阻力，所以空气只能减缓降落伞的下降速度，最后我们还是会落到地面。降落伞的表面面积越大，空气的阻力就越大，下降的速度也就越慢。

人们很早以前就认识到了空气的阻力作用，并且曾经利用过这个原理。如《史记》中记载：舜有一次遇到了危险，被困在了房顶上，屋子里面着了火，他无法通过梯子爬下去，最后只好拿着两个斗笠跳了下来。斗笠的形状就是一个圆锥形，在下落的过程中减缓了速度，所以舜毫发无伤地脱离了危险。

很多年来，降落伞都是一个圆形的伞盖形状，后来逐渐演变出方形、翼型、双锥形降落伞。

早期的降落伞的伞盖是用生蚕丝做成的，但是这种材料比较贵，所以后来逐步替换为更为结实和便宜的尼龙了。

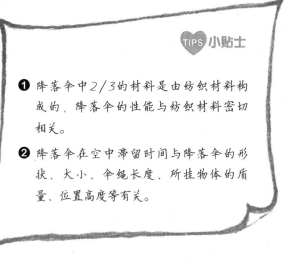

TIPS 小贴士

❶ 降落伞中2/3的材料是由纺织材料构成的，降落伞的性能与纺织材料密切相关。

❷ 降落伞在空中滞留时间与降落伞的形状、大小、伞绳长度、所挂物体的质量、位置高度等有关。

实验总结

在地球表面，包围着一层无色无味的空气，它覆盖了地球的每个角落。地球表面的大气层很厚，位置越高，空气就越稀薄（人们在海拔3000千米以上仍然发现有稀薄的空气），直到最后变成太空中的真空状态。大气层为生命提供了最基本的物质支持，没有大气层，就没有地球上的各种生命。

空气的成分十分复杂，含量最多的是氮气，其次是氧气，这两种气体几乎占空气总量的99%，余下的1%里面包含了数十种气体。每种气体都有不同的作用，人类每时每刻都在呼吸氧气，呼出二氧化碳，而二氧化碳是植物进行光合作用的必需品。

空气对人类的生活有很重要的影响，因为空气并非静止不动，而是在不停地流动着，就像小河里的水流一样。流动的空气就是风，有时空气流动得很快，就成为大风。风的力量十分强大，有时甚至可以将一颗粗壮的大树连根拔起，将坚固的房顶全部掀飞。风的力量也可以十分弱小，伸出手掌，在空中轻轻地挥舞，一阵阵微风吹拂脸庞，带来阵阵清凉。

利用空气的特点，人们制造出了许多工具，帮人们获得更好的生活。利用空气的压强原理，人们发明了飞机，减少了出行时间，让地球成了一个"地球村"；利用空气的热胀冷缩原理，人们发明了热气球，不仅可以用于旅行，还可用作科研。

可以说，空气影响了人类生活的方方面面。

试一试

如何使干燥的空气快速变得湿润?

PART 05

水的
小实验

为什么水温100℃仍然不沸腾?

水的沸点通常是100℃，但是有时水温到了100℃，却仍然不沸腾，这是为什么呢?

材料准备

小烧杯1只、大烧杯1只、酒精灯1只、酒精适量、温度计2支、小木片1块

实验步骤 >>>>>

第一步：在两只烧杯内都装上半杯清水。

第二步：在大烧杯中放上一块小木片，然后将小烧杯放在小木片上。

第三步：用酒精灯加热大杯里的水，直至大杯里的水沸腾。

第四步：看看小杯里的水是否沸腾。

第五步：用温度计分别测量一下两杯水的水温，看看水温是否都是100℃。

想一想

1.如果继续加热半小时，小杯里的水会不会沸腾？

_____

2.往小杯里添加半杯凉水，大杯里的水还会沸腾吗？

_____

实验大揭秘

人们常说"响水不开，开水不响"，说的就是水的沸腾现象。我们在家里用水壶烧水的时候，水温到达100℃以后，水壶里的水就会"咕嘟咕嘟"地滚起泡泡来。

水是一种液体，在正常的大气压下，水的沸点是100℃。液体汽化的时候，要吸收热量。

大杯子放在火源上，里面的水可以不断得到热量，不断沸腾。而小杯放在水中，只能从水中得到热量，即大杯中水的温度升高，小杯中水的温度也升高。当大杯中水温升高到100℃时，小杯中水温也升到100℃，用温度计量一下，大小杯里的水温始终是相同的，因为水的沸点就是100℃，温度再高的话就会直接变成气态了。但大杯中水温升高到100℃时就沸腾了，它得到的热量都用来汽化了，水温不再升高。

这样一来，大小杯之间不再发生热交换，无论加热多长时间，小杯里的水都烧不开，因为它接收到的水温就只有100℃了，不能继续吸收更高的热量。

不过，水的沸点并不是永远不变的，这与大气压有关。

在海拔较高的西藏地区，空气比较稀薄，大气压较低，水的沸点只有80℃~90℃，所以煮饭的时候必须使用高压锅，否则很难把饭煮熟。相反，气压较高的时候，水的沸点也会升高，蒸汽锅炉里的蒸汽压强，约有几十个大气压，锅炉里的水的沸点可以达到200℃以上。

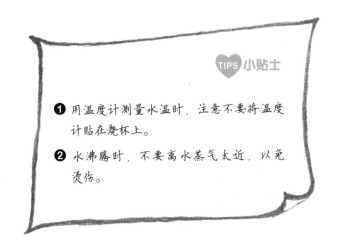

TIPS 小贴士

❶ 用温度计测量水温时，注意不要将温度计贴在烧杯上。

❷ 水沸腾时，不要离水蒸气太近，以免烫伤。

为什么温度计能够测量温度？

看一看温度计，我们就可以知道每天的温度了。为什么温度计有这样神奇的魔力呢？温度计的原理是什么呢？

 材料准备

细吸管1支、小药瓶（内含深色药液、未拆封）1个、玻璃杯2只

实验步骤 >>>>>

第一步：拆开小药瓶，把细吸管插入小药瓶。

第二步：在玻璃杯中倒一杯热水，将插入吸管的小药瓶放入其中，观察吸管中的变化。

第三步：在另一只玻璃杯中倒入凉水，再将插入吸管的小药瓶移入其中，观察吸管中的变化。

 想一想

1.如果小药瓶内装的不是深色药液，而是清水，结果会有什么不同吗？

_____

2.把自制的温度计放进冰箱里，它还能测算出温度吗？

_____

实验 大 揭秘

家庭常用的温度计里面，装的是水银，温度升高的时候，水银就会上升；温度降低时，水银又会下降。

这是怎么回事呢？原来，温度计之所以能测量温度，利用的正是液体热胀冷缩的原理。

最早的温度计是由意大利科学家伽利略发明的，当时他用一个鸡蛋大小的玻璃泡和一根长长的玻璃管做温度计的外壳，把这两个东西装到一起之后，往里面倒进清水。伽利略用手把玻璃泡焐热后，再把它放进另一个装有冷水的器皿内。过了一会儿，玻璃泡内的水温也降低了，水位也随之下降。

后来，人们对温度计进行了改进，用水银替代了清水，同时使刻度更精确，携带更方便，逐渐成为我们今天看到的样子。

我们国家使用的大多是摄氏温度计，符号为℃；而国外的很多地区使用的是华氏温度计，符号为℉。摄氏温度计和华氏温度计的原理是一样的，区别只在于数字不同而已。我们在看外语片时，经常可以听到剧中的妈妈对着孩子说："你的体温已经超过100度啦！"请不要担心，她说的是华氏温度。换算成摄氏度的话，100华氏度就是37.7摄氏度。

TIPS 小贴士

❶ 使用体温计之前，要先拿着体温计的上部用力往下猛甩，使体温计的度数归零。

❷ 用体温计测量腋下温度时，人体的正常体温为36℃～37℃。

为什么水滴消失不见了?

洗完衣服以后，妈妈总是把衣服晾在太阳下，到了晚上衣服就干了。衣服上的水去哪里了呢?

 材料准备

玻璃1块、注射器1支、秒表1只、风扇1台、电吹风1台

实验步骤 >>>>>>

第一步：把两块玻璃放在凳子上，取下注射器的针头，防止刺伤自己。

第二步：用注射器吸取清水，在一块玻璃上滴5毫升。

第三步：用秒表计时，待水滴变干，算出水滴变干的时间。

第四步：擦干玻璃，再滴5毫升清水，用电吹风加热，并用秒表计时。

第五步：再做一次实验，同样滴上5毫升清水，然后用风扇正面吹玻璃，算出水滴变干的时间。

想一想

1.做完实验以后，说一说用哪种方式，水消失得最快？

2.如果把玻璃放在冰箱里，水滴还会消失吗？

实验大揭秘

水有三种形态，分别是固态、液态和气态，固态的是冰，液态的是水，而气态的是水汽。

烧水时冒的"白汽"，天上降下的雨水，秋天覆盖的白霜，冬天飘落的雪花，都是水在大气中的不同状态。水的形态，主要是由环境中的温度决定的。

如果环境中的温度降到0℃以下，水就会凝固，成为冰。当温度升高至0℃以上时，冰块会慢慢融化，重新变成水。当温度继续升高，水会变成水分子，脱离原来的水体，成为水汽，这个过程叫蒸发。我们在烧水时看到的"白汽"，其实就是水的蒸发现象。当温度高到一定程度时，就连冰块也能直接变成水汽，这叫升华现象。

在沙漠地区，温度很高，气候干燥，水蒸发的速度非常快，饮用水成了当地居民生活的大问题。当饮用水彻底消失时，人们便无法在那里继续生活下去，只好迁移到其他地方去了。

例如，我国西北地区的罗布泊，曾经是个水草丰美的地方，孕育出灿烂的古楼兰文明，但是随着水源的逐渐减少，罗布泊逐渐被沙漠

吞噬，成为著名的"死亡之海"。

在实验中，我们分别做了三个小实验，模拟水在正常情况下、风扇吹拂和加热环境下的蒸发情况。

结果我们会发现，水在正常情况下的蒸发速度是比较慢的，风扇的吹拂会加速蒸发，而电吹风吹出来的热风使得蒸发的速度变得更快了。

现在，你明白衣服上的水滴为什么会消失了吗？

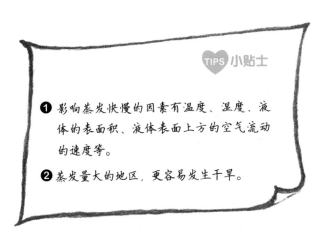

TIPS 小贴士

❶ 影响蒸发快慢的因素有温度、湿度、液体的表面积、液体表面上方的空气流动的速度等。

❷ 蒸发量大的地区，更容易发生干旱。

雾霾是怎么产生的?

冬天，玻璃上面起了一层白雾。用手一摸，居然是水滴！这是怎么回事？

 材料准备

防雾玻璃1块、普通玻璃1块、防雾喷剂1瓶、热水1瓶

实验步骤 >>>>>

第一步：准备好热水，注意不要烫伤自己，看看热水是不是正在冒着白雾。

第二步：把普通玻璃放在热水上方，看看玻璃表面是否起了一层白雾。

第三步：用手摸一下玻璃上的白雾，会发现玻璃上出现了一些小水滴。

第四步：把防雾玻璃放在热水上方，看看是否还会起雾。

第五步：在普通玻璃的表面擦干净，然后喷上一层防雾剂。

第六步：再将普通玻璃放在热水上方，看看是否还会起雾。

想一想

1. 如果在普通玻璃的表面有白雾时喷防雾剂，还会有效果吗？

2. 雾霾和大雾是一回事吗？它们之间有什么区别吗？

实验大揭秘

通常，我们看到的大雾是飘散在空气中的，所以看上去很像气体，但是实际上雾是由微小的水滴组成的。

雾的本质是液体，而不是气体。在大雾弥漫的地方散步，头发上很快就会集满露珠，就是因为细小的水滴粘在头发上了。

在实验中，热水散发出水蒸气，遇冷后在玻璃上凝结成许多小水珠，这些小水珠在表面张力的作用下收缩成半球形或球形，使光线散射，所以看上去雾茫茫的。

而防雾剂能降低水的表面张力，使水蒸气不能凝结成小水珠，而紧贴玻璃形成一层均匀的水膜，所以看上去仍是透明的。

人们经常把雾和霾相提并论，但是雾和霾不是同一种物质。霾也是一种天气现象，是由灰尘颗粒组成的。

雾和霾的最大区别在于，雾比较"湿"，而霾比较"干"。由于霾对呼吸系统的影响比雾大得多，所以人们对霾深恶痛绝，但是对雾的感情就好得多啦！

如果空气变得灰蒙蒙、白茫茫的时候，你不能确定这是雾还是霾，不妨测试一下空气中的湿度。

　　如果测试空气湿度，发现室外空气的湿度低于80％，那么我们就要提高警惕了，因为这种天气主要是由霾造成的，也就是说空气中的浮游颗粒、尘埃和污染物比较多。长时间呼吸污染空气，对身体健康可不好。最好避免长时间逗留在室外，出门时注意做好防霾措施，戴好口罩。

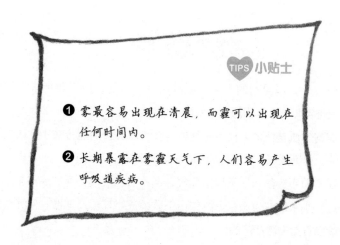

TIPS 小贴士

❶ 雾最容易出现在清晨，而霾可以出现在任何时间内。

❷ 长期暴露在雾霾天气下，人们容易产生呼吸道疾病。

雪花是怎么产生的？

冬天的早晨，一觉醒来，窗户上落满了雪花，有的像羽毛，有的像树叶，晶莹剔透，美丽极了。

材料准备

玻璃1块、玻璃杯1个、放大镜1个

实验步骤 >>>>>>

第一步：向玻璃杯里倒入多半杯热水，然后把玻璃板扣在杯子上。

第二步：等玻璃板上面布满水蒸气后，立即把玻璃板放入冰箱的冷冻室。

第三步：几分钟后，取出玻璃板。

第四步：看看玻璃板上是否结出了一朵朵冰花。

第五步：用放大镜仔细观察一下冰花，看看冰花的具体纹理是怎样的。

第六步：将手指按在冰花上，看看冰花需要多久才能融化。

 想一想

1.你观察过雪花吗？雪花是什么形状的？

_____

2.假如玻璃上没有水蒸气，放在冰箱里是否还能结出冰花？

_____

实验 大 揭秘

自然界中雪花大多是六角形的，这是因为雪花是由冰晶构成的，而冰晶就是六角形的。

古人早就发现，树上结的花朵大多有五个角，唯有雪花是六个角。但是雪花在形成的过程中，也有可能遇到气温的变化，从而形成其他的形状。

当我们把玻璃放入冰箱的冷冻层时，由于气温低于0℃，所以玻璃上面的水蒸气变成了冰，从而形成了冰花的样子。

在冬天，寒冷地区的人们会发现早晨的窗户上长出了冰花，这是因为屋子里热的水汽跑到了玻璃上，冰冷的玻璃让热气凝结成了冰晶。当冰晶形成以后，又迅速向各个方向扩散，因为玻璃上每个地方的洁净程度不一样，温度也就有差别；再加上水蒸气在玻璃上分布不均匀，冰晶在扩散的时候，遇到水蒸气多的地方，就会凝结得厚一点；反之，就凝结得薄一点；在冰非常薄的地方，只要遇到一点点热或压力，冰晶就可以很快融化了。在各种条件的帮助下，我们才会看到玻璃窗上那些各种各样的冰花。

民间有句谚语，叫作"瑞雪兆丰年"，说的就是大雪对于农作物的好处。

冬天下一场大雪，就像给大地盖上了一床棉被，冻死了田地里的害虫，保护了农作物。到了第二年春天，大雪融化，变成雪水，又灌溉了农作物。所以，下过大雪的地方，来年春天庄稼的长势一般会更好。

❶ 雪花形成的形状，与当时的水汽条件有关。

❷ 雪只会在0℃以下才会出现，所以我国南方大部分地区很少下雪。

人们是怎样预测天气的?

每天晚上,电视台主持人都要播报第二天的天气情况,他们是怎么知道天气会变好还是变坏的呢?

 材料准备

氯化钴2小勺、食盐1小勺、烧杯1个、吸墨纸1张、口罩1副、护目镜1副

实验步骤 >>>>>

第一步:氯化钴对眼睛和呼吸道不利,所以要戴上口罩和护目镜,防止氯化钴被吸入或进入眼睛。

第二步:在烧杯里加半杯水。

第三步:把2小勺的氯化钴和1小勺的食盐倒在烧杯里,等待其慢慢溶解。

第四步:把一张新白色吸墨纸浸入溶液中,吸墨纸呈粉红色,晒干后又变成蓝色。

第五步:准备一张白纸,画成两半,一半用蓝色颜料涂成大海,另一半粘上吸墨纸,当作天空。

第六步:当吸墨纸变成蓝色的时候,预示着天气晴朗。

第七步:当吸墨纸变成粉红色的时候,预示着天上要下雨了。

 想一想

1.问一问爸爸妈妈，下雨之前，生活中会有哪些现象？

2.想一想，你生活的地方，每个月下几次雨？

实验大揭秘

在古代，人们无法通过先进的仪器观察天气的变化，只能通过一些简陋的方法去预测。

例如，在商朝，中国人喜欢使用占卜的方式预测天气。当时的人们习惯使用甲骨和蓍草，甲骨就是动物的骨头，一般是乌龟的壳，而蓍草是一种植物。古人用火烧甲骨或蓍草的时候，如果空气中的湿度比较大，那么甲骨和蓍草就会发出异常的声音和火光，人们积累了这些经验以后，就能对天气的变化做出预测啦！

在小实验中，我们使用了一种叫作氯化钴的东西。氯化钴是一种化学物质，遇水会变成粉红色，干燥时则为蓝色。

用氯化钴溶液画的画，对空气中的湿度变化很敏感，从画面上颜色的变化就可以知道空气的潮湿程度。如果氯化钴的颜色变成粉红色，就说明空气湿度大，很可能要下雨了。

用氯化钴预测天气，和用甲骨、蓍草预测天气，本质上是一样的，都是通过了解空气中的湿度情况，来判断天气的变化。

社会发展到今天，人们已经掌握了很高的科技水平，用上了雷达探测、卫星云图等工具，已经可以实现短时预报、短期预报、中期预报、长期预报等多种形式的天气预报，并且精度和准确度也大大提高了。

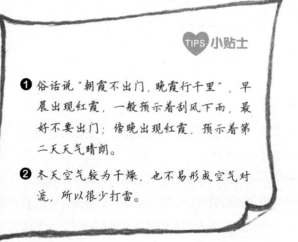

TIPS 小贴士

❶ 俗话说"朝霞不出门，晚霞行千里"，早晨出现红霞，一般预示着刮风下雨，最好不要出门；傍晚出现红霞，预示着第二天天气晴朗。

❷ 冬天空气较为干燥，也不易形成空气对流，所以很少打雷。

喷泉的水为什么那么高?

你见过喷泉吗? 你知道为什么喷泉能够一直朝天上喷水吗? 做了这个实验, 你就可以拥有一个与众不同的喷泉了。

 材料准备

大可乐瓶1个、纸巾1张、橡皮筋2根、水杯1只、长吸管1根、短吸管1根

实验步骤 >>>>>>

第一步: 用橡皮筋把长吸管的一端扎紧, 使吸管口变小·。

第二步: 向大可乐瓶中倒进半瓶水, 然后用湿纸巾塞住瓶口, 再把两根吸管插进去。

第三步: 瓶口要堵好, 两根吸管也要牢牢固定住, 让瓶子做到密闭。

第四步: 取一只水杯, 往水杯里倒满水。

第五步: 把大可乐瓶倒过来, 长吸管插入水杯中。

第六步: 这时, 我们会发现, 短吸管开始滴水, 瓶子里出现了美丽的喷泉。

1.如果往可乐瓶中倒满水，实验效果会有什么不同？

_____

2.把长短两根吸管的位置调换一下，实验效果会有什么
不同？

_____

实验 大 揭秘

由于地心引力的作用，水流总是朝下走，但是由于某些原因，水流有时也会朝上走。古人把朝上喷涌的泉水称为喷泉，也就是说，自然界中原本就有喷泉。

自然界的喷泉十分神奇，它们潜藏在某个很难引起人们注意的地方，然后在某个时间突然喷涌而出，令人既意外又惊喜。

雨水从天上降落以后，会沿着地表的裂缝向下渗透，成为地下水。靠近地心的地方，温度比较高，有的地方能够达到几百甚至几千摄氏度，地下水很快就被蒸发了，产生大量的水蒸气。当水蒸气越来越多时，便会形成一股巨大的压力，把地下水喷出地面，于是形成了喷泉。

有的地下喷泉不会一直喷涌，而是隔一段时间喷涌一次，人们把这种喷泉称作"间歇泉"。

每次喷完之后，它都要沉寂一段时间，就像什么都没有发生过一样。为什么会形成这种现象呢？因为这种喷泉的通道比较狭窄，泉水

不能随意流通，只好通过一段时间慢慢积攒能量，最后把地下水喷发出去。

　　我们做的这个小实验，利用的是大气压的作用。短吸管不停地滴水，会把可乐瓶里面的水慢慢抽走，那么瓶子里的空间就不断增大。同时外面的空气又无法进入瓶中来补充，所以瓶内的气压下降。这时，外面的大气压就会通过长吸管把水杯里的水压进去，就形成我们看到的喷泉了。

　　我们在城市广场中见到的喷泉，实际上是用电带动的，提供水压的一般为水泵。

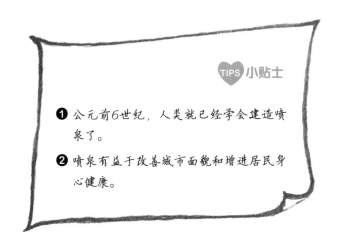

TIPS 小贴士

❶ 公元前6世纪，人类就已经学会建造喷泉了。

❷ 喷泉有益于改善城市面貌和增进居民身心健康。

天上的云彩是怎么形成的？

　　天上悬挂着一朵朵云彩，有的像羽毛，有的像棉花糖……漂亮极了。云彩究竟是怎么形成的呢？做完这个实验，或许你会对此有所了解。

 材料准备

大铁罐1只、小铁罐1只、冰1勺、食盐3勺、手电筒1把

实验步骤 >>>>>>

　　第一步：把小铁罐放进大铁罐里。
　　第二步：把食盐和冰块搅拌均匀，倒入小铁罐与大铁罐之间的空隙里。
　　第三步：等到小铁罐里的空气完全冷却下来时，尝试对着小铁罐哈气。
　　第四步：然后用手电筒照射小铁罐，你会看到什么？

 *想一想*

1.如果把冰块换成雪球，效果会有什么不同吗？

_____

2.如果在实验中增加盐的分量，会不会形成更多的云雾？

_____

实验 **大** 揭秘

云是地球上庞大的水循环的有形结果。太阳照在地球的表面，使水分蒸发后形成水蒸气，一旦大气中的水汽过于饱和，水分子就会聚集在空气中的微尘周围，由此产生的水滴或冰晶将阳光散射到各个方向，就形成了我们看到的云彩。

在我们做的这个小实验中，我们用冰块和食盐使小铁罐里的温度变得很低，水汽凝结成了小水滴，就形成了淡淡的云雾。这时用手电筒照射小铁罐，就可以很清楚地看到水汽了。之所以要加食盐，是因为它会使水的冰点降低，从而使实验效果更明显。

根据云彩形成的原因，人们一般把云彩分为五种：

锋面云，是冷空气抬升暖空气形成的云彩；

地形云，是空气沿着地形上升时形成的云；

平流云，是空气经过一个较冷的表面时形成的云；

对流云，是空气对流运动时形成的云；

气旋云，是气旋中心气流上升时形成的云。

从地面上看云彩，就像一团飘浮着的棉花，一团团柔软地、轻盈地飘在天上。

　　其实，云彩也有重量，因为云彩就是由小水滴、冰晶的混合体组成的。云的重量就是云中所含水滴的重量。不同的云彩，水滴的含量也是不同的。以积雨云为例，每立方米积雨云的含水量为0.2克至1克，也就是说，一片1平方千米的积雨云，重量至少也有200吨！

　　为什么这么重的云彩不会掉下来呢？因为云彩中的一颗小水滴的直径可能只有0.01毫米，一股上升气流就能使它稳稳地飘浮在空中了。

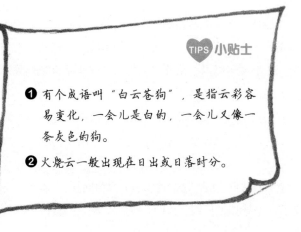

TIPS 小贴士

❶ 有个成语叫"白云苍狗"，是指云彩容易变化，一会儿是白的，一会儿又像一条灰色的狗。

❷ 火烧云一般出现在日出或日落时分。

为什么人在水里会感觉变轻了？

你会游泳吗？当你进入水池的那一刹那，有没有感觉到自己变轻了呢？从水池里出来的时候，是否又感到自己变重了呢？

 材料准备

螺母2个、钢尺1把、水杯2个、细绳1根

实验步骤 >>>>>

第一步：准备两个同样大小、同样重量的螺母；在钢尺的中间拴上一截细绳，当作提手。

第二步：在尺子两端各拴一个螺母，仔细调整螺母与提手之间的距离，使尺子处于平衡状态。

第三步：把其中一端的螺母浸在水中，这时尺子会向没有浸水的螺母的那个方向倾斜。

第四步：如果把两个螺母都浸在水中，这时你会发现尺子又处于平衡状态了。

 想一想

1.如果一个螺母全部进入水中，而另一个螺母只进入一半，
尺子还能保持平衡吗？

2.如果两个螺母的体积差距较大，实验结果是否会有不同？

实验 大 揭秘

宋朝的时候，有个人叫文彦博，他从小就很聪明。有一次，他和
小伙伴们一起在外面玩球，没想到球一下子滚到洞里去了。小伙伴们
都很着急，纷纷用手去捞，可是洞太深了，怎么也捞不到。

这时，文彦博想到了一个好办法，他让小伙伴们找来几个木桶，
然后一起朝洞里灌水。不一会儿，球就自动跑到洞口了，文彦博把手
伸到洞口，轻轻松松就把球捞了出来。

说到这里，大家可能已经猜出来了。没错！球能够漂在水面上，
当水面越来越高时，球也会越来越接近洞口，最终被轻松捞出来。不
信你把家里的皮球放在水里，看看它是不是也会漂在水面上？

当我们在游泳时，水也会对我们产生浮力。水对身体产生的浮力
有一个合力点，叫作浮心，它的位置就在人体入水部分的几何中心。
只是人体的密度比水大，所以仅凭浮力是不能让我们漂在水面上的，
必须掌握一定的游泳技法，才不至于被淹死。

如果掌握了一定的游泳技术，我们完全不必手忙脚乱地扑打水

面，甚至手脚都不用动，也可以轻轻松松地漂浮在水里了。

在我们做的这个实验中，杯子里的水对螺母产生了浮力，托着螺母向上浮，使得螺母对绳子的拉力减小，所以尺子就发生了向另一边倾斜的现象。

而两个螺母同时浸在水中时，就都受到了浮力的作用，而且浮力相等，因此尺子又重新恢复平衡。

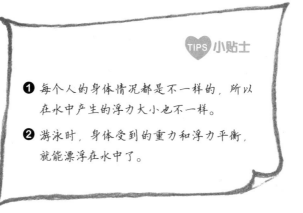

TIPS 小贴士

❶ 每个人的身体情况都是不一样的，所以在水中产生的浮力大小也不一样。

❷ 游泳时，身体受到的重力和浮力平衡，就能漂浮在水中了。

如何用颜料在水面上画画？

画画时需要什么？一张纸、一支笔、一盒颜料？如果我说不需要用纸，在水面上就可以画画呢？

 材料准备

水盆1个、墨汁1瓶、毛笔1支、小木片1根、宣纸1张

实验步骤 >>>>>>

第一步：准备好一根小木片，可以使用吃雪糕时剩下的木片。

第二步：在水盆里盛上半盆清水，放在桌上。

第三步：用毛笔蘸一下浓墨汁，然后在水面上轻轻沾一下。

第四步：用小木棍将墨滴推开，让墨汁在水面上扩散开来，形成花纹式的图案。

第五步：取一张宣纸平放在水面上，再轻轻提出纸张，花纹就会印到纸上。

第六步：晾干纸张，再剪裁一下边角，用相框装裱起来。

1.如果在墨汁里调入几滴香油,实验效果是否会更好?

_____

2.把宣纸换成平常使用的A4纸,效果会有什么不同吗?

_____

实验 大 揭秘

通常情况下,墨汁进入水里以后,就会与水融合,但是在实验中,墨水并没有散开,而是漂浮在水面上。

为什么会这样呢?原来,平静的水面上有一层肉眼看不到的"薄膜",它可以把墨汁托起来,形成一幅稳定的图案,铺上宣纸,就像印刷版一样印上花纹了。如果用油漆倒在水面上,搅拌之后还可以印出类似于石头的纹理来。

科学家们经过研究发现,在大气压的影响下,所有的物质分子间都有一种相互的吸引力。

同种物质分子间的吸引力称之为内聚力;不同物质分子间的吸引力称之为附着力。水分子之间同样存在吸引力,分子间的距离越小,吸引力就越大。由于水的成分比较单一,所以这种张力可以起到收缩作用。

在桌子上滴一滴水,我们会发现水滴的形状看起来就像一个小球一样,而不是平摊在桌子上的,这就是因为水滴的表面有一股张力,把水分子全都锁在了里面,不至于溜出去。

我们还可以通过另外一个实验，更好地理解水的表面张力。准备一碗清水、一根针、一个镊子、一瓶洗洁剂。

　　先把针平放在桌子上，然后用镊子夹住针，小心地把针平放在水面上。接着小心地松开镊子，让针浮在水面上。靠近一点，仔细观察水面。轻轻地往水面吹一口气，看看针会不会掉进水里？

　　如果针还没有沉下去，就在针的旁边滴一滴洗洁剂，会发现针立即掉进水里了，这就是因为水在静置时，表面光滑，很像一层薄膜，这层薄膜就是表面张力的来源。但是，洗洁剂会破坏水的表面张力，使张力层变弱，所以针就沉下去了。

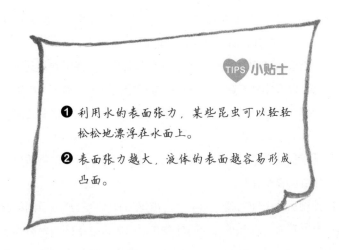

TIPS 小贴士

❶ 利用水的表面张力，某些昆虫可以轻轻松松地漂浮在水面上。

❷ 表面张力越大，液体的表面越容易形成凹面。

量一量你的拳头有多大？

看一看自己的拳头，你知道它究竟有多大吗？有什么方法可以测量它的体积呢？

 材料准备

洗脸盆1只、水瓢1只、量杯1只

实验步骤 >>>>>>

第一步：准备好洗脸盆和水瓢。

第二步：先将脸盆里的水擦干，并且把水瓢放在洗脸盆里。

第三步：在水瓢里装满清水，但是水面不要溢出。

第四步：把你的拳头全部放在水瓢里，然后让流出来的水漏在脸盆里。

第五步：拿出水瓢，用量杯测量一下脸盆里的水有多少，得到的结果就是拳头的体积。

 想一想

1.换一个更大的水瓢，实验结果是否会不同？

_____

2.按照同样的方法量一量另一只拳头，看看两只拳头是不是
   一样大？

_____

实验大揭秘

这个实验的原理十分简单，是用拳头的体积排出了清水，二者的数值是相同的。我们也可以用这个方法去称重，只是计算方法有所不同。

三国时期，有一个人叫曹冲，他的父亲就是鼎鼎大名的曹操。曹冲很小的时候就已经非常聪明了，面对难题时，总是能够想到一些令人出其不意的方法，令难题迎刃而解。

有一次，有人送给曹操一头大象，曹操感到很新奇，想要知道，这么大的动物，究竟有多重呢？但是大象太大了，谁也想不出一个好方法。有人建议把大象杀了，切成一块一块的，分别称重，但是曹操舍不得。

曹冲听到这件事以后，就自告奋勇，要帮曹操解决这个难题。

他让人找来一艘船，又运来一大堆石头，接着让人把大象牵到船上，船身立刻下沉了许多。曹冲立即让人刻下船身的水位，接着牵走大象，往船上装石头。

当船身的水位到达刻痕时，就停止装载，接着把石头一块块地称重，得到的总和就是大象的重量。

其实，这里面包含着一个很重要的科学方法，就是阿基米德原理。阿基米德原理也叫浮力原理，指的是液体对物体的浮力，和物体排出液体的重力是相同的。

我们可以用水量出拳头的体积，却很难像曹冲称象一样测出拳头的重量，这是为什么呢？原因就在于，拳头是长在我们身上的，我们很难保证，拳头在排水的时候，不会受到手臂力量的影响。

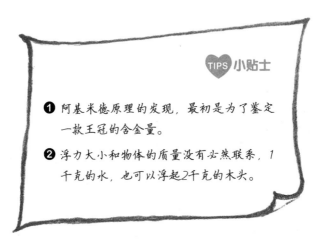

TIPS 小贴士

❶ 阿基米德原理的发现，最初是为了鉴定一款王冠的含金量。

❷ 浮力大小和物体的质量没有必然联系，1千克的水，也可以浮起2千克的木头。

为什么卫生间的水管是弯曲的？

仔细观察一下卫生间里的水管，你会发现有些水管是弯曲的，看起来就像一个"U"字。为什么人们不用直水管呢？

 材料准备

塑胶软管1根、漏斗1只

实验步骤 >>>>>

第一步：把漏斗的尖嘴和塑料软管的一端连接起来。

第二步：把塑胶管弯曲，用在手拿住塑胶管的两头，并且确保漏斗直立。

第三步：向漏斗里灌水，水量不必太多，以免使水溢出塑胶管。

第四步：摘掉漏斗，双手分别拿着塑胶管的两端，看看两端的水面是否平行？

第五步：抬高塑胶管的左侧，看看水面是否仍然平行。

第六步：抬高塑胶管的右侧，看看水面是否仍然平行。

 想一想

1.如果在实验之前，把塑胶管的其中一端密封，实验结果是否会发生变化？

_____

2.往塑胶管里持续装水，水会从另一端流出来吗？

_____

实验大揭秘

　　这个实验非常简单，但是背后的原理可不简单，它的本质是连通器原理。

　　连通器的原理就是，当连通器内只装有一种液体，同时这种液体停止流动的时候，那么各个容器中的液体表面总是保持平行的。在实验中，我们使用的液体就是水，弯曲的塑胶管就是连通器，停止灌水的时候，塑胶管里的水也停止运动了，所以才能始终保持平行。

　　连通器要发挥作用，必须保证容器的两端都是开口的，如果其中一端被封住，就会失去效果。如果我们把塑胶管的其中一端封住，它就不能称为连通器了，实验也就没有办法继续下去了。

　　连通器原理在生活中被广泛运用，例如三峡大坝的船闸、过路的涵洞等，都是利用连通器的原理解决生活中的难题。

　　卫生间里用到的U型管，其实也是一个连通器。每次冲水以后，U型管内总会留下一些水，这些水把下水道里的臭味挡在了外面，避免臭味飘进室内。

PART 05

　　如果卫生间明明打扫得很干净，却仍然有一股臭味的话，说明可能是U型管里的水干了，臭味没有了阻挡，才会从下水道里飘出来。我们不妨用盆接一点清水，往各个水管里冲水，就可以使U型管里再次被水填满，这样就能把臭味挡住了。

❶ 人们常用海拔来衡量陆地上高山或其他建筑的高低，就是因为海平面永远都保持在同一高度。

❷ 为了使实验效果更明显，可以往塑胶管里滴几滴红墨水，并摇晃均匀。

实验总结

　　人们说"水是生命之源"，如果没有水，地球上就不会有生命。人体重量超过一半的比例都是水，即便在坚硬的骨头中，也有一部分水的存在。人体有七大营养素：水、蛋白质、脂肪、碳水化合物、矿物质、维生素、纤维素，而水是所有营养的第一名。

　　地球上到处都是水，从太空中看，地球就是一个被水包围着的蓝色星球。地球上的水，聚集在一起，形成了四大海洋：太平洋，大西洋，印度洋，北冰洋。这四个海洋中几乎囊括了世界上所有的水，科学家们估计，海洋中的水占地球上所有水的96%左右，而剩下的4%才是陆地上的水。

　　在常温下，水是一种无色无味的透明液体，它由氢和氧两种元素组成。水通常有三种形态：气态、液态、固态。但是在特定的条件下，水也会在这三种形态间相互转换。在正常大气压下，水的冰点是0℃，当气温降低到0℃时，水就会开始结冰，由液态变为固态。水的沸点是100℃，当温度上升到100℃时，水就会沸腾，由液态转变为气态。

试一试

利用家里的电冰箱，制作一碗西瓜棒冰吧。

PART 06

动物
小实验

蚂蚁是怎么"打招呼"的?

小小的蚂蚁，每天都要辛辛苦苦地四处觅食，当它们相遇时，它们是怎样"打招呼"的呢?

材料准备

蚂蚁、面包屑、放大镜1个、小木棍1根

实 验 步 骤 >>>>>

第一步：去树下找到一群蚂蚁，最好是正在拖着食物的蚂蚁。

第二步：观察蚂蚁群行进的方向，看是否沿着一条"路"行进。

第三步：当两只蚂蚁相遇时，用放大镜看看它们是如何接触对方的。

第四步：在蚂蚁行进的道路中央，放上一根小木棍，或者用小木棍在中间划一道痕迹，看看蚂蚁还能找到路吗。

第五步：在蚂蚁路过的地方撒上少许面包屑，用放大镜观察一会儿，看看蚂蚁是怎样做的。

第六步：找一只死去的蚂蚁，用放大镜仔细观察它的身体构造。

 想一想

1.如果在蚂蚁行进的路上撒上一些水，蚂蚁会绕路走，还是会直接游过去？

_____

2.蚂蚁们见面之后，它们会用触角接触对方吗？

_____

实验大揭秘

蚂蚁的身体分为三个部分：头部、胸部和腹部。

蚂蚁的外壳就是它们的骨骼，也是它们的盔甲，能够保护柔软的身体，避免受到伤害。蚂蚁的两只眼睛是凸出来的，长在头部的两侧，它能看清迅速移动的物体，但是距离很短，看不见远方的物体。

在蚂蚁的头上，长着两条长长的、弯曲的触角。在前进的过程中，它们不停地用触角碰触地面、食物和其他的蚂蚁，起到嗅闻、接触和品尝等感知作用。

对于蚂蚁而言，味道非常重要，它们可以释放出多种气味。如果一只蚂蚁感知到危险的存在，它会释放出一种特别的气味，这股气味就像警报一样扩散到整个族群，提醒大伙儿赶快躲避。

蚂蚁嘴部附近长有一对下颚骨，这是非常有用的工具，能帮助蚂蚁托起物体、捕获食物。

蚂蚁有一套自己的方法，可以寻找到回家的道路。它们通常在路上留下气味，不同的蚂蚁，分泌的标记物质残留时间的长短不同。当

它们走在路上时，就循着气味的方向前进。

如果气味消失了，它们还可以利用太阳定向。

科学家们认为，蚂蚁在认路时，这两种方法是交替使用的。

TIPS 小贴士

❶ 在一个蚂蚁族群中，数量最多的是工蚁。

❷ 白蚁不属于蚂蚁，虽然都叫"蚁"，但是白蚁是较低级的半变态昆虫，而蚂蚁则属于较高级的全变态昆虫。

鸭子的脚掌为什么不怕冷？

春天刚到，河里的水还结着冰，可是勇敢的小鸭子径自游进了水中，它们的脚掌难道不怕冷吗？

材料准备

鸭子1只、绳子1根、电子温度计1只、冰水1盆

实 验 步 骤 >>>>>

第一步：用细绳拴住小鸭子的脚，防止鸭子到处乱跑，注意不要绑得太紧，免得弄伤鸭子。

第二步：从冰箱里取出一些冰块，倒在盆里，然后添加一些清水。

第三步：捉住小鸭子，用温度计量一下鸭子的体温，记录下体温的度数。

第四步：把鸭子放在盆里，让它的脚掌浸在水中。

第五步：十分钟以后，把鸭子拎出来。

第六步：用温度计再量一次鸭子脚掌的温度，并且记录下来。

想一想

1.观察一下鸭子的脚掌，看看它有没有被冻坏。

2.脚掌浸入冰水前后，鸭子的体温是否发生改变？

实验 大 揭秘

　　我们知道，天冷了要穿衣，睡觉时要盖被子，但是在自然界中，有许多动物好像一点都不惧怕寒冷，它们可以轻轻松松地在寒冷的地方行走。鸭子就是这样一种动物，鸭子的体温始终保持在42℃左右，而且它的双脚也不会被冷水冻坏。

　　实际上，鸭子的身体可以主动适应严寒，并且自动做出调整，这是一种独特的适应构造和生理功能。

　　鸭子的体温比较高，人的体温一般为37℃左右，而鸭子的体温在42℃左右，比人类的体温高多了。这是因为鸭子有发育良好的心脏和血管系统，血液中的红细胞数目也多，红细胞内有核，其中血红素相当丰富。

　　鸭子的血红素和氧的亲和力较弱，因此在细胞组织中氧极易放出，这样就促使呼吸、循环系统的机能加强。

　　另外，鸭子的新陈代谢十分旺盛，它每分钟只需要呼吸20多下，但是心跳的速度非常快，可以达到每分钟250次，相当于人的心率的4~5倍。正是由于这个特点，使得鸭子的新陈代谢十分旺盛，能够产生大量体热，足以对抗寒冷。

再加上鸭子皮肤外面厚厚的羽毛，就像穿上了一件厚厚的羽绒服，外界空气不易侵入，尤其是贴身的那层羽绒，保温性能极佳。

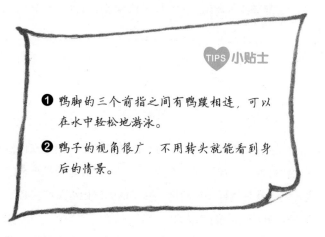

TIPS 小贴士

❶ 鸭脚的三个前指之间有鸭蹼相连，可以在水中轻松地游泳。

❷ 鸭子的视角很广，不用转头就能看到身后的情景。

为什么龙虾煮熟后变红了?

开饭啦!鲜香味美的龙虾被端了上来,浑身通红通红的。龙虾从一开始就是红色吗?

材料准备

小龙虾1只、螃蟹1只、对虾1只、白酒少许、旧牙刷1把、塑料盆1只、铁锅1口

实验步骤 >>>>>

第一步:让妈妈帮忙,从市场上分别买一只小龙虾、螃蟹和对虾,养在盆里。

第二步:仔细观察小龙虾、螃蟹和对虾,看看它们的样子有什么不同,它们的颜色又是什么样子。

第三步:在盆里倒一点水,没过小龙虾、螃蟹和对虾,然后倒一点白酒,浸泡30分钟,让虾蟹吐出身体里的泥沙。

第四步:将小龙虾、螃蟹和对虾用清水冲洗干净,并且用刷子刷净表面的泥沙。

第五步:用清水再冲洗一遍,然后将虾蟹一起放入锅中。

第六步:加适量水,烧开,将虾蟹煮熟。

 想一想

1.虾和螃蟹煮熟以后，是否都变成了红色？

2.看一看，煮熟的虾蟹，身体哪个部位的颜色最红？

实验大揭秘

在未煮熟以前，虾和螃蟹的颜色都是青黑色的，虽然有时也有红色，但是并不明显，煮熟以后，变成了鲜艳的橘红色。

这里面的奥秘，就在于它们体内的一些物质。这种物质叫作虾青素，所以使它们看起来是青色的。还有一种物质叫作虾红素，能使有些虾和螃蟹看起来是红色的。

在高温烹煮下，大部分色素被高温破坏，发生了分解，唯独虾红素没有遭到破坏，于是整体呈现出橘红色。

虾青素和虾红素都是一种带颜色的物质，它们之间也可以发生转化。虾红素属于类胡萝卜素，在正常情况下，它是橙红色的，但是它也可以与不同种类的蛋白质相结合，从而成为虾青素。

细心的同学可能还会发现，虾壳上的颜色并不都是一样红的，有些地方更红，有些地方的颜色淡一些。

这是因为，凡是虾红素多的地方，如背部，就显得红些；而虾红素少的地方，如附肢的下部，就显得淡些。螃蟹的腹部没有虾红素，再怎么煮也不会变成红色，仍然是白色。

❶ 有的虾原本就是红色，例如鹰爪虾。

❷ 如果在常温下，虾的颜色变成了红色，说明新鲜程度在下降，已经不能再食用了。

啄木鸟为什么要啄木头？

树林里，传出了一阵"嘟嘟嘟嘟"的声音，听起来就像有人在敲木头，究竟是谁呢？

材料准备

望远镜1个

实 验 步 骤 >>>>>

第一步：去动物园或公园里寻找啄木鸟。啄木鸟在啄木头的时候，会发出"嘟嘟嘟嘟"的声音，就像拿着木棒敲打树木，根据这个声音，就可以找到啄木鸟了。

第二步：用望远镜仔细观察树上的啄木鸟。

第三步：看一看啄木鸟的嘴巴，以及它是怎样活动的。

想一想

1.啄木鸟是怎样站在树上的？

2.啄木鸟为什么要啄木头？它是在找什么东西吗？

实验大揭秘

啄木鸟是一种很奇特的鸟类，它每天都要来到树上，用它长长的嘴巴敲击树木，发出"嘟嘟嘟嘟"的声音。只要敲一敲木头，它就能知道木头里是否生了虫子。

啄木鸟的食量很大，每次可以吞下几百只甲虫的幼虫或蚂蚁，而且啄木鸟的食类很广泛，毛虫、甲虫、天牛和虫茧等都可以成为它的美餐，而这些虫子都是破坏森林的害虫。

一对啄木鸟就能保护数十亩树木，使树林里的虫害减少，所以人们把啄木鸟称为"森林医生"。

啄木鸟的身体结构比较特殊，适合专门捕捉隐藏在树木中的害虫。它的嘴巴又长又尖，就像一个凿子，能够持续敲击树干。那些隐藏得比较浅的虫子，会被它直接找到并吃掉，而那些隐藏得比较深的虫子，也会因为啄木鸟长时间的敲击而晕头转向，最终自投罗网。

啄木鸟的舌头也很特殊，它的舌头非常长，而且是长在鼻孔里的，舌头前面很像一个钩子，更加方便捕食。

啄木鸟啄击的速度很快，每秒钟可以啄15~16次木头，这个速度甚至超过了冲锋枪发射子弹的速度。

或许有人会问：啄木鸟天天这样啄木头，难道不会头晕吗？其实，啄木鸟的头部有一套很严密的防震结构，它的头颅很硬，能够保护它不受外部的伤害，但是同时里面的骨质却很柔软、疏松，又充满了气体，就像一块海绵，从而避免了脑震荡的可能。

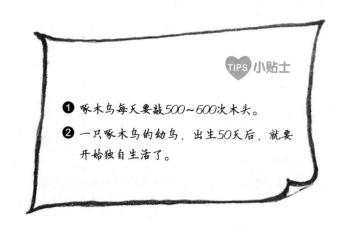

TIPS 小贴士

❶ 啄木鸟每天要敲500～600次木头。

❷ 一只啄木鸟的幼鸟，出生50天后，就要开始独自生活了。

小鸟的嘴巴里有牙齿吗?

小鸟们在树上叽叽喳喳地叫着,它们一会儿啄啄树枝,一会儿捕捉虫子。它们的嘴巴那么尖,里面有牙齿吗?

材料准备

鸟食少许、小鸟1只

实验步骤 >>>>>>

第一步:找一只小鸟,可以是自己家里饲养的,也可以去花鸟市场找一只。

第二步:给小鸟喂点鸟食,看看它们是怎样进食的。

第三步:征求花鸟店老板的许可,请他们捉住一只小鸟,轻轻掰开小鸟的嘴巴,看看小鸟的嘴巴里,究竟有没有牙齿。

想一想

1.小鸟进食的动作是怎样的？

_____

2.小鸟进食的时候，翅膀会动吗？

_____

实验 大 揭秘

小鸟的嘴巴，学名称为"喙"。小鸟的下颌为角质的鞘所覆盖，向前方突出着。

小鸟不像人类一样有手臂，它们的前肢已经演变为翅膀了，展开翅膀就能飞上蓝天，所以它们无法像人类一样，用手抓着食物送入口中。

鸟类都没有牙齿，它们的喙就有牙齿和嘴唇的作用，捕食的时候，凭借着尖尖的嘴巴，将食物拾取起来，然后通过舌头送入口中。

由于没有手臂的帮助，所以小鸟的喙很发达，不需要其他肢体的帮助，就可以轻松地吃到食物。

根据不同的生活习性，鸟类的喙有各种不同的形态。特别是对捕食习性的适应表现得更为明显，一般啄食昆虫和吸食花蜜的鸟类，喙大都细长，而谷食的喙则多为圆锥形。

雀类的体型一般很小，以植物的种子为食，所以它们的喙呈现为圆锥形，小小的、尖尖的，可以一口咬开种子的外壳。

老鹰、猫头鹰等猛禽的体型大小不一，它们都捕食动物，它们的

喙十分强壮，上颌比下颌长得多，看起来就像一个弯钩，可以轻松将
猎物撕碎。

　　鹤类的喙一般比较大，看起来很粗，扁平扁平的。两侧也没有
沟，但是上颌多了一道筛子一样的边缘。这是它们用来筛选食物的，
当它们在河边取食时，可以通过这道筛子一样的边缘，把一些有杂质
的东西排出去。

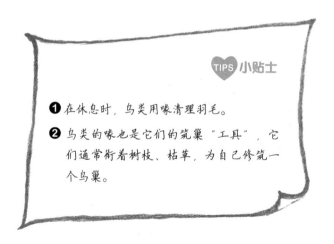

TIPS 小贴士

❶ 在休息时，鸟类用喙清理羽毛。

❷ 鸟类的喙也是它们的筑巢"工具"，它
们通常衔着树枝、枯草，为自己修筑一
个鸟巢。

飞鸽传书是真的吗？

在电影里，武林高手们把书信写在一张小布条上，然后绑在鸽子身上，把鸽子放飞以后，它们就会自动飞向目的地。鸽子真的可以传送书信吗？

材料准备

信鸽1只、鸽子房4只、布条1片、细绳1根、铅笔1根

实 验 步 骤 >>>>>>

第一步：在布条上写上"飞鸽传书"几个字，然后绑在信鸽的腿上。

第二步：取出信鸽平时居住的小房子，做上一个记号。

第三步：再拿出其他3个小房子，摆放在一起。

第四步：带着信鸽走到500米以外，走到看不见信鸽房的地方。

第五步：把信鸽放飞，然后走回信鸽房的位置。

 想一想

1.信鸽是否飞回了它的小房子里?

_____

2.变换一下信鸽房的位置,再做一次实验看看,鸽子还能准
确飞回小房子里吗?

_____

实验 大 揭秘

在古代,人们无法用手机、电脑等电子产品进行通讯,只能采取一些比较笨拙的方法。电影里经常出现两种情景:飞鸽传书和飞马传书。

鸽子具有很强的记忆力,而且它们很恋家,飞出去之后,一定还会想办法飞回来。根据鸽子的这种本能,人们逐渐发现,可以利用鸽子传递信息。

例如,古埃及人每次出海之前,都要携带几笼鸽子,一旦遇到危险时,就把这些鸽子放飞,当岸上的人们看到这些鸽子时,就知道水手们遇到危险了,从而尽快出发,前往出事地点进行救援。

科学家们认为,鸽子之所以能够从远方准确地回到巢穴,是因为它们的身体里有一种特殊的物质,这种物质可以使它们对地磁场产生感应,从而为远行导航。

而且,鸽子的记忆力很好,对熟悉的声音、场景十分敏感,这些也能帮助它们辨认出自己的巢穴。

飞鸽传书就是将载有信息的布片或纸条绑缚在鸽子身上，给远方的人们报信的方法。

　　而飞马传书是人携带物品，骑着马匹，快速传递到远方的一种方式。有两句诗是"一骑红尘妃子笑，无人知是荔枝来"，说的是杨贵妃喜欢吃荔枝，于是唐玄宗命人快马加鞭从千里之外的岭南将荔枝运送到长安的故事。

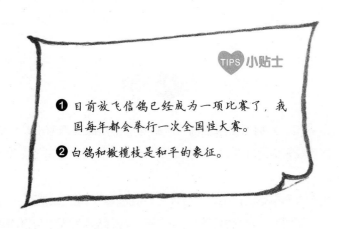

TIPS 小贴士

❶ 目前放飞信鸽已经成为一项比赛了，我国每年都会举行一次全国性大赛。

❷ 白鸽和橄榄枝是和平的象征。

小蝌蚪的尾巴去哪儿了？

每到春天，池塘和小溪里就出现了许多穿着"黑衣"的小蝌蚪，它们摇曳着短短的尾巴，在水里游来游去。可是，过了一段时间之后，小蝌蚪的尾巴不见了，它的尾巴去哪儿了呢？

 材料准备

小蝌蚪2只、池水1盆、尺子1把

实验步骤 >>>>>>

第一步：从池塘里打捞出两只小蝌蚪，同时从池塘里取一盆水，将小蝌蚪养在盆里。

第二步：观察一下，看看小蝌蚪最初的样子。

第三步：捞出一只小蝌蚪，用尺子量一量小蝌蚪的尺寸，包括身长、尾长、头部直径等。

第四步：量完以后，将盆里的小蝌蚪放回水里。

第五步：每天持续观察小蝌蚪的成长变化，并且隔两天测量一次小蝌蚪的尺寸。

 想一想

1.小蝌蚪长到最大的时候，身体的尺寸有多大？

_____

2.小蝌蚪最后变成了什么？

_____

实验 大 揭秘

有一个故事名字叫作《小蝌蚪找妈妈》，故事的主人公就是一只小蝌蚪。

春天，青蛙从漫长的冬眠中醒来，在水草上生下了很多黑黑的、圆圆的卵。天气暖和了以后，这些卵慢慢地变成了一群小蝌蚪。

有一天，一只小蝌蚪看见小鸭子和鸭妈妈在水里游泳，就去问自己的妈妈在哪里，可是谁也不知道。后来它又分别询问了大鱼、乌龟和白鹅，最后终于在它们的指引下找到了青蛙妈妈。

蝌蚪是青蛙、蟾蜍等动物的后代，由于外形十分独特，所以也被一些人称作"蛤蟆蛋蛋"。每年春天，青蛙和蟾蜍都要在水边产下许多卵。

小蝌蚪刚刚出生的时候，没有四肢，也没有嘴巴，尾部拖着一条长长的小尾巴，可以帮助它像鱼一样在水里游泳。它们不吃东西，也不喝水，就那样呆呆地在水草旁边游来游去，靠着体内残存的一点卵黄维持生命。

随着小蝌蚪越长越大，它的小尾巴也会慢慢消失，同时长出四条

腿，成为一只真正的青蛙或蟾蜍。

　　小蝌蚪也会从水中跳出来，从一只水生动物成为一只两栖动物。它们逐渐长出了自己的嘴巴，开始从大自然中寻找食物。

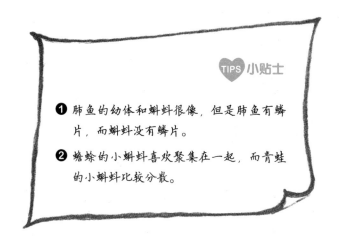

TIPS 小贴士

❶ 肺鱼的幼体和蝌蚪很像，但是肺鱼有鳞片，而蝌蚪没有鳞片。

❷ 蟾蜍的小蝌蚪喜欢聚集在一起，而青蛙的小蝌蚪比较分散。

蚂蚱是用嘴呼吸的吗？

绿色的田野里，一只绿色的昆虫忽然跳了起来，飞出去很远，这就是蚂蚱。蚂蚱长着一张坚硬的嘴巴，它是用嘴呼吸的吗？

 材料准备

蚂蚱2只、放大镜1个、石灰1把、小玻璃瓶2只、剪刀1把、橡皮膜1块

实验步骤 >>>>>

第一步：捉两只蚂蚱，剪掉它们的脚和翅膀，把它们放在玻璃瓶内，盖上瓶盖，防止飞走。

第二步：用放大镜仔细观察一下，看看蚂蚱身体两侧的结构，你会发现一排小圆孔，这是气门，是蚂蚱的呼吸器官。

第三步：在另一只玻璃瓶放入少量石灰，加10倍清水充分搅拌。

第四步：静置一段时间，等待水再次变清。

第五步：剪两块橡皮膜，比玻璃瓶口径稍大些，中间开个小洞。把蚂蚱插进小洞，使橡皮膜正好处于蚂蚱的第4和第5气门之间。

第六步：把两只套好橡皮膜的蚂蚱，分别放进两个预先准备好的盛有石灰水的试管中。一只蚂蚱头朝上，另一只头朝下。观察石灰水的变化。

想一想

1.数一数，蚂蚱身体两侧一共有几对气门？

_____

2.如果把蚂蚱的头部浸入水中，蚂蚱会被淹死吗？

_____

实验大揭秘

蚂蚱，也叫蝗虫，是一种十分常见的昆虫。蚂蚱主要生活在草丛里，以植物为食，叶片、嫩茎和幼穗等植物上的所有绿色部分都可以成为它的美餐。

在古代，发生大旱时，蚂蚱往往大量聚集，形成蝗灾。铺天盖地的蚂蚱，会将所到之处的所有粮食及青草啃食一空，给农业生产带来巨大的损失，所以蚂蚱是一种害虫。

蚂蚱虽然有着一张发达的口器，但是它并不通过嘴巴呼吸，而是通过胸腹部的气门呼吸。蚂蚱胸腹部的十对气门中，前四对是用来吸气的，而后六对是用来呼气的。

在实验当中，我们发现蚂蚱头朝上的试管里，石灰水由澄清变浑浊，这是因为蚂蚱呼出的二氧化碳和石灰水发生了化学反应，最后形成了白色沉淀的碳酸钙。也正是因为蚂蚱通过气门呼吸，所以就算把它的头部浸在水里，它也不会被淹死。

TIPS 小贴士

❶ 蚂蚱的后腿非常有力，可以一下子跳得很远。

❷ 在许多地区，人们把蚂蚱做成美味佳肴后食用。

青蛙为什么要冬眠？

下面我们来做一个人工模拟冬天的实验，看看青蛙在温度逐渐降低的时候，是怎样进入冬眠的。

材料准备

青蛙1只、玻璃瓶1只、纱布1块、小刀1把、洗脸盆1个、温度计1根、冰块少许、细沙少许

实验步骤 >>>>>>

第一步：找一只能装进青蛙的瓶子，在瓶底铺上一层细沙，约5厘米厚。再把水注入瓶内，使水面离瓶口1-2厘米。

第二步：把青蛙放进瓶里，然后用纱布蒙上瓶口，用绳子扎紧。用小刀在纱布上划开一个口子。

第三步：把瓶子放脸盆里并测量瓶内水温，记下水温和时间。

第四步：从冰箱中取出一些碎冰块，放在瓶子的周围。观察青蛙的活动状态，认真做好记录，直到青蛙停止活动，进入冬眠状态。

第五步：等到青蛙进入冬眠状态以后，把瓶子从冰水中取出，放在桌子上。

第六步：观察随水温回升青蛙的行为变化，并记录下来。

想一想

1.青蛙在什么温度下进入冬眠?

_____

2.青蛙进入冬眠以后,在什么温度下才会再次醒来?

_____

实验 大 揭秘

冬天,气温逐渐下降,食物减少,许多动物提前准备好了食物,而有些动物则用冬眠的方式度过冬天。

冬眠是动物在进化过程中逐渐养成的一种生活习惯,同时也是它们独有的生存本领。冬眠主要表现为不活动、心跳缓慢、体温下降和陷入昏睡状态,用减缓新陈代谢的速度来抵御不利环境的影响。

冬眠一般发生在寒冷地区,例如温带和寒带地区。许多动物有冬眠的习惯,其中包括无脊椎动物、两栖类、爬行类和哺乳类动物等。在实验中,我们会发现青蛙在温度降低的时候逐渐进入睡眠,就是因为它有冬眠的习惯。

动物的冬眠有三种形式:

第一种是完全冬眠型,例如蝙蝠、鼹鼠、花鼠等,冬天一到,它们就自动进入睡眠了;

第二种叫沉酣性冬眠,例如刺猬、黄鼠、跳鼠等,冬天到来的时候,它们会进入假死状态,体温变得很低;

第三种叫非沉酣性冬眠,例如棕熊、獾、浣熊、狐狸等动物就有这样的习惯。这些动物可以冬眠，也可以一直醒着。在冬季气温比较温和，食物也比较充足的时候，它们也可以不冬眠。

❶ 有些动物的冬眠时间很长，甚至可以达到6~7个月。

❷ 有的动物选择在夏天进行"夏眠"，以躲避炎热的天气。

为什么琥珀里有动物？

美丽的琥珀里，居然静静地躺着一只小虫子，它是怎么进去的呢？

 材料准备

死去的小虫1只、松香少许、玻璃1块、空铁罐盒1只

实 验 步 骤 >>>>>

第一步：找1只死去的小虫子，例如蚊子、苍蝇、小甲虫等，不要找太大的虫子。

第二步：把小虫子放在玻璃上。

第三步：把松香放在一只干净的小铁罐里，慢慢加热。

第四步：等到松香全部融化以后停止加热，让融化的松香稍微冷却一会儿。

第五步：等松香不再冒烟并变得有些黏稠时，就可以对着玻璃上的小虫浇下去。

第六步：让松香把小虫子完全包裹住，等松香逐渐凝固，就做成一个琥珀了。

想一想

1.按照同样的方法，你可以制作一颗内有植物的琥珀吗？

———————————————————————

2.想一想，怎样才能将琥珀里的小动物取出来？

———————————————————————

实验大揭秘

琥珀是树脂的化石，而这种树脂通常是由松柏科的植物流出来的。大约5000万年前，陆地上就已经生长了许多松树和杉树，这些树木含有大量的树脂，当树脂流出来的时候，凝聚成一团，落在地上，被泥土覆盖，经过了千万年的演化，成为我们现在看到的琥珀。

如果树脂往下滴落时，正好落在某只小虫子身上，比如落在蚂蚁、瓢虫、苍蝇等小虫身上，就形成了一个珍贵的生物标本化石。

琥珀是一种十分美丽的东西，人们常常把它加工成装饰品。

据考证，人类在几千年前就已经发现了琥珀，并且对其加以使用。人们认为，琥珀是一种吉祥物，小孩子戴上琥珀以后，就可以消灾避邪，生活幸福。这种认识是迷信的，却也反映了人们对于琥珀的喜爱。

大部分琥珀是黄色的，也有红色、绿色、褐色的琥珀，呈现为透明至半透明的状态。加热至150℃时，琥珀就会开始熔化，散发出特有的香气。

世界上已知最大的琥珀，是我国的一块重达518千克的巨型琥珀。

在这块紫红色的巨型琥珀里，静静地躺着许多小虫子，人们可以清楚地看见这些数千万年以前的生物。这块琥珀十分珍贵，被视为"琥珀之王"。

❶ 最名贵的琥珀是透明度较高并带有昆虫的。

❷ 琥珀摸起来比较温暖、轻盈，凭借这一点便可以和玻璃区分开来。

如何让小鸡蛋"长大"？

鸡蛋味道鲜美，营养丰富，可是鸡蛋的个头太小啦，要是能变大一点就好了。

 材料准备

新鲜鸡蛋1枚、稀盐酸1碗、木勺1把

实 验 步 骤 >>>>>

第一步：准备一枚新鲜鸡蛋，以及一碗浓度为日摩/升的稀盐酸，把鸡蛋放在稀盐酸里浸泡5分钟。

第二步：用木勺缓缓拨动鸡蛋，注意不要把鸡蛋弄破了。

第三步：稍微等待一会儿，等到鸡蛋壳逐渐变薄，成为一层薄膜样的物质。

第四步：小心地将碗倾斜，把碗里的稀盐酸取出，存放在瓶里。

第五步：往碗里倒半碗清水，第二天再来观察，你会发现，鸡蛋好像变大了。

想一想

1.为什么鸡蛋壳会在稀盐酸里变成薄膜样的物质呢？

_____

2.把鸡蛋换成咸鸭蛋或松花蛋，看看它们是否也能变大？

_____

实验 大 揭秘

  拿出一个鸡蛋，打碎以后，仔细观察鸡蛋壳，我们会发现鸡蛋壳是一层很脆的物质，碾碎以后，呈现为白色。

  其实，鸡蛋壳的主要成分是碳酸钙，是地球上的常见物质，方解石、石灰石及贝壳的主要成分也是碳酸钙。

  把鸡蛋放在稀盐酸中，鸡蛋壳里的碳酸钙就会与稀盐酸发生化学反应，碳酸钙被慢慢溶解，于是鸡蛋壳就会变得像薄膜一样了，轻轻一戳，就会破裂。

  如果观察得足够仔细，你会发现鸡蛋壳内还有一层透明的薄膜，这层薄膜是细胞膜，凡属细胞膜都具有渗透作用，它们都是一种很容易让水透过的薄膜，但细胞液却不能透过这层薄膜跑出来。

  等到鸡蛋壳里的碳酸钙被溶解以后，在碗中换上清水，清水接触到鸡蛋壳内的这层薄膜时，水就会不断地透过这层薄膜而进到鸡蛋里面去，结果小蛋就变成大蛋了。

  所以，通过这个实验，我们确实会发现鸡蛋变大了，但是其实鸡蛋内部的蛋清和蛋黄并没有增多，只是清水进入了鸡蛋，使它看起来

更大了而已。

　　要是把鸡蛋换成咸鸭蛋或者松花蛋，再来做这个实验，就会发现实验不成功了。

　　这是为什么呢？原来，这一切都是蛋壳内的薄膜的作用。经过处理的蛋膜，已经不能起渗透膜的作用了。

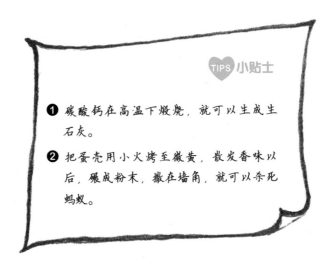

TIPS 小贴士

❶ 碳酸钙在高温下煅烧，就可以生成生石灰。

❷ 把蛋壳用小火烤至微黄，散发香味以后，碾成粉末，撒在墙角，就可以杀死蚂蚁。

实验总结

　　世界上有很多种动物，有的在陆地上奔跑，有的在海洋里遨游，也有的在蓝天下飞翔。它们拥有不同的技能，却拥有一个共同的特点，那就是能活动，有知觉，并且以有机物为食。

　　人类也是一种动物，但是人类的智慧和能力远远超过其他动物的水平。在几百万年以前，人类的智力水平还很低下，同自然界中的其他动物一样，生活在简陋的环境中，但是随着时间的推移，人类也在不断地进化，最后形成现在这样拥有高等智慧的生命体。

　　在漫长的历史进程中，人类始终和其他动物一起生活在地球上。有些动物成了人类的食物，有些动物则成了人类的朋友，也有一些动物给人类的财产带来了损失。现在，人类已经拥有了极高的科技水平，但是我们仍然要和其他动物和平相处，因为地球的生态系统是脆弱的，而动物的灭绝会导致地球生态系统的崩溃。

试一试

　　训练家中的小狗，让它们学会接受简单的命令，如"蹲下""躺下""伸爪"等。

PART 07

植物
小实验

种子需要什么条件才能发芽？

春天到来，万物复苏，一颗颗种子冒出了绿色的嫩芽，新的生命诞生了！

 材料准备

一次性杯子3个、黄豆15个、泥土适量、钉子1枚、胶带1卷、记号笔1支

实验步骤 >>>>>

第一步：用记号笔在杯子上分别写上1、2、3，作为记号。

第二步：拿出1号杯子，用钉子在杯子的上端两侧各扎一个孔，并放入1/4杯泥土，然后将5粒黄豆平铺在泥土上，再用泥土盖上1/4杯，浇上少许水，并用胶带封住杯口。

第三步：拿出2号杯子，放入泥土，埋入黄豆，浇上少许水，杯口敞开，不做任何遮挡。

第四步：拿出3号杯子，放入泥土，埋入黄豆，浇上少许水，用胶带封口。

第五步：将三个杯子放在窗台上，方便接收阳光，每天补充少许水，使土壤保持微微湿润的状态。10天以后，看看黄豆的发芽情况。

想一想

1.在三组实验中，有几组成功地完成了黄豆的发芽实验？

_____

2.试着分析一下成功或失败的原因。

_____

实验 大 揭秘

发芽是植物特有的一种无性繁殖方式，一般通过种子发芽的方式进行。

种子发芽一般需要几个条件：适合的水、温度、空气、阳光。我们所做的实验中，三个杯子里面都满足水、温度和阳光的条件，但是其中一个杯子被密封了，失去了空气，所以里面的黄豆没有发芽。而扎了孔的杯子，空气依然能够进入，所以种子也可以发芽。

黄豆发芽以后，就会变成豆芽，豆芽也是人类的一种食物。

但是也有一些食物发芽之后就不能再吃了，例如土豆。当土豆变绿或发芽的时候，就不能再吃了，因为土豆变绿或发芽的部分含有大量龙葵素。这是一种天然毒素，食用之后会对人体造成危害，严重时可能导致死亡。

所以，看到土豆变绿或者发芽时，坚决不能食用。

从豆荚中剥出来的黄豆可以发芽，那么从谷壳中剥出来的大米是不是也可以发芽呢？实验告诉我们，结果是不能的。

为什么？因为植物的种子要想发芽，除了要靠胚，还需要有外壳

的保护。黄豆从豆荚中离开以后，还有一层表皮能够保护自己，而大米去掉了外壳以后，就处于毫无保护的状态，所以即便埋在土里也不会发芽。

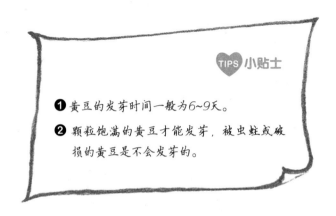

TIPS 小贴士

❶ 黄豆的发芽时间一般为6~9天。

❷ 颗粒饱满的黄豆才能发芽，被虫蛀或破损的黄豆是不会发芽的。

叶子中的"管道"是什么？

大树上长满了叶子，微风吹过时，发出哗啦啦的响声。拿起树叶一看，会发现树叶上布满了弯弯曲曲的"管道"，这些管道究竟是什么呢？

材料准备

树叶3片、白纸3张、蜡笔1支

实验步骤 >>>>>

第一步：从路边捡3片树叶，最好是形状完整的树叶，而且是不同树木的树叶。

第二步：回到家中，将三片树叶铺在桌子上，然后分别蒙上白纸。

第三步：用蜡笔轻轻地在三张白纸上涂色，由于叶子在底下，蜡笔在涂色的过程中，会自动出现叶脉的形状。

第四步：将三幅图案拿到一起，对比一下，看看它们有哪些相似之处。

 想一想

1.如果在树叶上蒙上硬纸板，还能涂出叶脉的形状吗？

_____

2.将叶片剪开，看看叶脉是空心的还是实心的？

_____

实验 大 揭秘

叶脉，就是叶片中的维管束，它们来自于植物的茎中。

这些脉络就像人体内的血管一样，将各种养分从植物的根茎中一直传输到叶片上。植物的根茎吸收了水和其他各种养分，然后通过枝干运送到植物的各个部分，当水和养分运输到叶片的时候，叶脉就充当了运输者的身份。

有一句话叫作"世界上没有两片相同的树叶"，意思是说世界上的树叶多姿多彩，形态各异，人们很难找到两片完全相同的树叶。

因为叶脉的大小、粗细不同，其结构也有所差异，导致叶脉的形状千变万化。虽然看上去都是一样的，但是仔细对比的话，就会发现一些微小的差别。

叶脉一般有三种形式，分别是分叉状脉、网状脉和平行脉。

分叉状脉：叶脉从叶基生出后，均呈二叉状分枝，称为分叉状脉。这种脉序是比较原始的类型，在种子植物中极少见，如银杏，但在蕨类植物中较为常见。

网状脉：具有明显的主脉，经过逐级的分枝，形成多数交错分布的细脉，由细脉互相联结形成网状，称为网状脉。

平行脉：主要是单子叶植物所特有的脉序，叶片的中脉与侧脉、细脉均平行排列或侧脉与中脉近乎垂直，而侧脉之间近于平行，都属于平行脉。

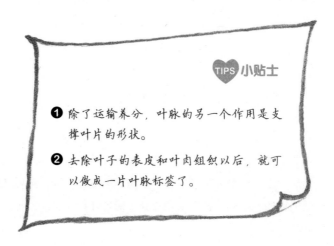

❤ TIPS 小贴士

❶ 除了运输养分，叶脉的另一个作用是支撑叶片的形状。

❷ 去除叶子的表皮和叶肉组织以后，就可以做成一片叶脉标签了。

光合作用是什么意思?

老师说，植物会进行光合作用，释放出氧气，可是植物是怎样完成光合作用的呢？能用肉眼观察到吗？

 材料准备

玻璃烧杯2个、水草2把、水适量、玻璃漏斗2个、玻璃试管2个、一次性筷子1根

实验步骤 >>>>>

第一步：往两个烧杯里倒入同样多的水，然后放入水草。

第二步：把两个玻璃漏斗倒置，分别放在两个烧杯中。

第三步：再将两支玻璃试管装满水，分别倒过来，套在两个漏斗的柄上。

第四步：把一个烧杯放在阳光下，另一个放在光线很暗的地方。

第五步：三个小时以后，看看两个烧杯的情况，会发现阳光下的水草冒出了许多泡泡，而暗处的水草却不易冒泡。

第六步：最后，盖住试管口，用湿布把试管轻轻拿出来。

第七步：点燃一次性筷子，然后吹灭，把带有火星的筷子伸进两个试管内。如果筷子猛烈地燃烧，就说明试管里有大量的氧气。

想一想

1.对比一下，看看哪根试管里的筷子燃烧得更旺盛。

2.如果在实验过程中把试管口向上放置，是否还能集齐氧气？

实验大揭秘

光合作用是绿色植物特有的生命现象，利用太阳能把二氧化碳和水等无机物转化为有机物和氧气。

通过光合作用，植物吸入二氧化碳，释放出氧气，而我们人类在呼吸的时候，总是需要吸入氧气，呼出二氧化碳，所以植物的光合作用对人类十分重要。

地球上的一些面积广袤的森林，被人们称作"地球之肺"，就是因为它们释放出了大量的氧气。

可见，如果没有植物的光合作用，地球上的生物就会缺少氧气，生物的进化就会受到限制。也许，至今地球上的生物还处于极其原始的阶段，地球表面也不能演变出千姿百态的地貌，也不会出现许多矿物资源。

既然植物的光合作用对人类这么重要，那么人类是怎样发现光合作用的呢？

1771年，英国有个化学家叫普利斯特列，他做了一个实验，把一

只小老鼠和一株植物一起放在玻璃罩里，结果过了很长时间，发现小老鼠仍然活着。

根据这个实验，他认为植物可以"净化"空气。

又过了几年，荷兰的一位科学家进一步证实，只有在日光下，绿色植物才能发挥作用。

后来，一位又一位的科学家投入到这项研究中，经过不懈的努力，人们终于在1864年证实了光合作用的产物是氧气和有机物。

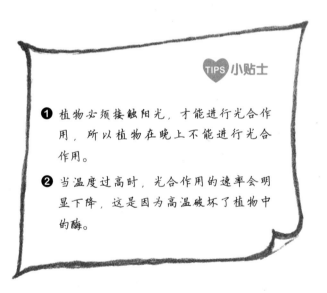

TIPS 小贴士

❶ 植物必须接触阳光，才能进行光合作用，所以植物在晚上不能进行光合作用。

❷ 当温度过高时，光合作用的速率会明显下降，这是因为高温破坏了植物中的酶。

植物是否也会呼吸？

动物通过口鼻呼吸，而植物没有嘴巴，也没有鼻子，它们是否也会呼吸呢？

材料准备

鲜花1盆、喷水壶1只、塑料袋1只、细绳1根

实验步骤 >>>>>

第一步：准备一盆鲜花，要求必须是种在花盆里，并且仍在生长的鲜花。

第二步：给花盆里浇水，直到花盆里的土壤变得湿润，但是不要浇太多，否则有可能会使鲜花被淹死。

第三步：找出一个大塑料袋，将鲜花连同花枝和叶子一起罩在塑料袋里，注意不要折断花枝，也不要将花盆罩在袋子里。

第四步：用细绳将塑料袋的封口扎住，防止空气漏出。

第五步：将鲜花放在阳光下，1小时以后再来观察。

第六步：看看塑料袋上是否布满了水滴。

想一想

1.如果实验中使用的不是生长在花盆中的鲜花，而是干花，实验效果会有什么不同？

_____

2.如果把鲜花摆放在阴凉处，塑料袋上是否还会产生水滴？

_____

实验  揭秘

　　植物虽然没有口鼻，但是丝毫不妨碍它们的呼吸活动。实际上，植物和动物一样，也在日夜不停地呼吸空气。植物没有明显的呼吸器官，它们的各个部分——根茎、叶子、花朵、果实都可以进行呼吸。

　　在实验中，我们预先给鲜花浇灌了充足的水分，就是为了使实验效果更明显。我们看到的塑料袋上的水滴，就是植物通过呼吸作用带出来的。在这个实验中，必须使用仍然存活的植物，使用已经处理完毕的干燥鲜花，会使实验效果大打折扣。

　　不同的植物拥有不同的呼吸效率，有的植物呼吸速率很高，有的植物呼吸速率却很低。通常生长旺盛的植物呼吸速率远远超过生长缓慢的植物，这主要是因为它们在呼吸中形成了一些物质，而这些物质又被植物再次利用，促进生长的同时，往往也在促进呼吸。

　　除了它们本身的原因以外，也有可能与外界条件有关，例如温度、光照、氧气和二氧化碳的含量等。一般植物在25℃~30℃的温度下呼吸速率最高，当温度过高或过低时，会导致植物呼吸变慢。

和人类一样，植物在呼吸的过程中也要依赖氧气。如果空气中的氧气过少，而二氧化碳含量过高的话，植物就会因为缺氧而减缓呼吸。在贮藏果实时，人们通过减少氧气、提高二氧化碳的方法，抑制植物的呼吸，这样有利于延长贮藏期。

太阳光的照射也会影响植物的呼吸，这种影响一般是间接的。太阳光强烈时，温度增高，植物形成的光合产物较多，也能促进呼吸，有利生长。

在光照较少的情况下，植物仍然可以呼吸，却没有了光合作用，就会出现只长叶子，不长果实的情况。所以农民伯伯们在种植粮食和水果的时候，都要密切注意播种密度，改善田间光照和通风状况，使作物的光合作用与呼吸作用协调，这样作物才能更好地生长。

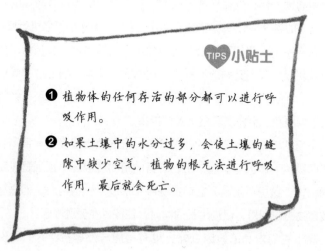

TIPS 小贴士

❶ 植物体的任何存活的部分都可以进行呼吸作用。

❷ 如果土壤中的水分过多，会使土壤的缝隙中缺少空气，植物的根无法进行呼吸作用，最后就会死亡。

藻类是如何生长的?

河里长出了绿油油的水藻,看上去十分漂亮,但是妈妈却说水藻会野蛮生长,对环境不利。水藻究竟是怎样生长的呢?

材料准备

罐头瓶1只、淡绿色河水、植物肥少许、勺子1把

实验步骤 >>>>>

第一步:在爸爸妈妈的陪伴下,从有水藻的河边盛出少许河水。

第二步:如果河水是淡绿色的,说明里面可能有水藻。

第三步:将河水带回,用罐头瓶装起来。

第四步:准备一瓶液态植物肥,然后在勺子里倒上一点。

第五步:把勺子里的植物肥倒入罐头瓶中。

第六步:把罐头瓶盖上,放在阳光下。

第七步:过几天,再看看瓶子,你发现了什么?

想一想

1.和之前相比，河水发生了什么变化？

2.打开罐头瓶，用勺子搅拌一下，舀出一勺水，看看里面有什么。

实验大揭秘

有的人喜欢在家里布置一个大鱼缸，然后放进几条小鱼。一开始水还是清澈的，但是过了几天以后，水里开始出现绿色的泡沫了。这些泡沫是从哪里来的呢？有经验的养鱼人会告诉你，这些是水藻造成的。

水藻是世界上分布最广的植物之一，它们形态不一、大小不同，从细小的小水藻到坚韧的大海藻，分布在世界各地的海洋、湖泊、河流、沼泽、池塘中。

在河里，我们看到的水藻大多是细小而浓密的，但是并不是所有的水藻都是这副模样；在大海里，有的海藻可以生长到几十米长，而且十分坚韧、宽广，就像皮革一样。

水藻的繁殖能力非常强，如果不及时清理，常常可以布满整个池塘。当水藻生长得过于浓密的时候，池塘里的水也会因缺氧而"窒息"，水藻就会因缺氧而大批死亡，池塘里的鱼虾也不能幸免，整个池塘就会变成一个发臭的黑水沟。

　　需要注意的是，水中的鱼类可以和水藻共同生长，但是生活在陆地上的动物却要远离水藻，因为水藻不仅可以导致水体发臭，还有可能产生藻毒素，其中包括生物肽、生物碱和脂多糖等。人体摄入这些物质之后，会出现中毒的情况，严重时甚至可能导致死亡。

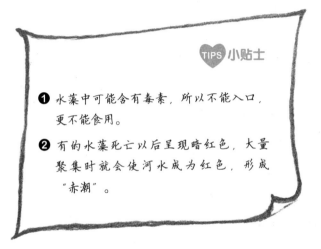

TIPS 小贴士

❶ 水藻中可能含有毒素，所以不能入口，更不能食用。

❷ 有的水藻死亡以后呈现暗红色，大量聚集时就会使河水成为红色，形成"赤潮"。

植物的扦插是怎么回事？

春天到了，农民伯伯又开始忙碌了，他们用剪刀截下一段树枝，然后接种到另一棵树上，树枝很快就活了，这就是植物的扦插技术。

 材料准备

玉兰枝条1根、米兰枝条1根、剪刀1把、塑料薄膜1段、美工刀1把

实验步骤 >>>>>

第一步：扯出塑料薄膜，然后用剪刀裁出一块30厘米见方的正方形。

第二步：用剪刀从正方形的一个边的中点剪至正方形的中心。

第三步：在枝条表皮上，用刀切割几条伤口或进行环状剥皮。

第四步：将已裁开的塑料膜套在枝条上，然后在塑料膜中装上湿润的沙土，最后再把上面用绳把塑料膜系紧。

第五步：半个月以后，等到枝条下面长出了树根，就可以将树木移植了。

 想一想

1.除了扦插以外，你还知道几种培植植物的方法？

_____

2.除了玉兰和米兰以外，还有哪些植物可以扦插？

_____

实验大揭秘

植物和动物不同，有时只需要短短的一截根茎，就可以培育出一棵完全独立的植株。扦插就是这样一种繁殖植物的方法，它和嫁接、压条一样，都属于无性繁殖。

扦插也可以细分为很多种方法，总的来说，可以划分为三种：叶插、茎插和根插。使用叶插法的大多是拥有肥厚叶片的植物，例如虎尾兰、风车草等，使用这种方法，只需要一片完整的叶子。

茎插是适用种类最多的方法，只要植物呈现柱状、鞭状、带状或长球形，一般都可以使用茎插法。在实验中，我们使用的玉兰和米兰，就是具有这样的特点。

使用茎插法时，一般将植物的茎切成5~10厘米的小段，等到切口干燥时插在备好的基质里，就可以等待它慢慢生根了。

除了叶插和茎插以外，根插也是一种扦插方法，这种方法是利用植物的根进行繁殖的方法。一般剪出一截0.3~1.5厘米粗、5~15厘米长的根，插在土里。

在农村，农民伯伯们经常用根插的方法种植枣树、核桃树等。

扦插对于水分、温度和湿度等都有具体的要求，如果条件达不到，扦插就可能失败。

　　一般而言，土壤里的水分要比平时更大一些，达到最大持水量的50%～60%，温度保持在15℃～20℃。

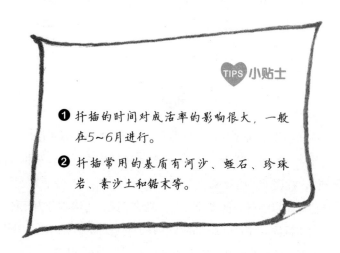

TIPS 小贴士

❶ 扦插的时间对成活率的影响很大，一般在5～6月进行。

❷ 扦插常用的基质有河沙、蛭石、珍珠岩、素沙土和锯末等。

如何自己制作"湘妃竹"？

好好的竹子上为什么会有一块块的斑点呢？我们可以利用家里的东西，自己制作一截"湘妃竹"吗？

 材料准备

15%稀硫酸少许、泥土、竹子1截、小木棒、小号油画笔、铅笔、废弃玻璃杯1个

实验步骤 >>>>>>

第一步：选取一截竹子，用水洗净表面的灰尘和泥巴，然后用白布擦净。

第二步：用铅笔在竹子表面画上图案，或写上文字。

第三步：将泥土碾成粉末后筛选一遍，去掉比较大的颗粒。

第四步：把泥粉倒入废弃的玻璃杯中，加入稀硫酸，慢慢搅拌，配置成黏稠的酸泥浆。

第五步：用小号的油画笔蘸取酸泥浆，轻轻涂抹在用铅笔在竹子表面画过的地方。

第六步：将竹子放在太阳底下，等待硫酸泥浆完全晒干。

第七步：用小刀轻轻刮掉硫酸泥浆，然后用白布擦净竹子表面。

想一想

1.以稀盐酸代替稀硫酸，还能达到实验效果吗？

_____

2.如果用面粉代替泥粉，遇到稀硫酸的时候，会发生什么？

_____

实验 **大** 揭秘

在湖南九嶷山一带，生长着一种独特的竹子。这种竹子的表面上生长着许多褐色的斑点，就像是撒上了墨水一样。

传说，这种竹子的形成，和舜有关。舜是中国古代传说中贤明的国君，他有两个妻子，分别叫娥皇和女英。舜去世以后，葬在九嶷山，伤心的娥皇和女英就在九嶷山日夜哭泣。她们的泪水撒到了当地的竹子上，就形成了这种斑斑点点的竹子，人们将其称之为"湘妃竹"。

湘妃竹就是"斑竹"，也称"泪竹"。由于湘妃竹上的斑点十分奇特，也非常别致，具有很高的观赏性，所以人们很喜欢这种竹子。实际上，这是由一种真菌侵染而形成的现象。这种竹子也可以按照一定的方法用普通的竹子仿制而成，制作成具有一定的装饰价值的工艺品。

在实验中，我们使用稀硫酸仿制湘妃竹。硫酸是一种腐蚀性很强的物质，它除了具有一般酸的性质以外，还具有强烈的脱水性，可以将某些物质中的氢氧元素以水的形式脱去。

竹子本身主要由碳、氢、氧三种元素组成。用一定浓度的硫酸处理竹子，就能把竹子内的氢氧元素以水的形式脱去，而使其局部炭化。这样，普通的竹子就成为湘妃竹了。

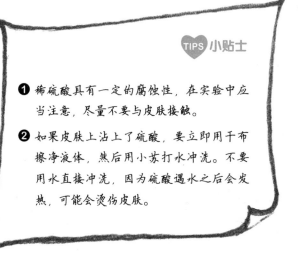

TIPS 小贴士

❶ 稀硫酸具有一定的腐蚀性，在实验中应当注意，尽量不要与皮肤接触。

❷ 如果皮肤上沾上了硫酸，要立即用干布擦净液体，然后用小苏打水冲洗。不要用水直接冲洗，因为硫酸遇水之后会发热，可能会烫伤皮肤。

如何制作一枝双色花?

自然界中的花朵，有纯色的，也有多彩的。

如何才能让一只白色的花朵变成双色花呢?

 材料准备

空瓶子2只、白色石竹花1支、水、红墨水1瓶、蓝墨水1瓶

实验步骤 >>>>>

第一步：摘一枝白色的石竹花，将花枝从下往上对半切开10厘米。

第二步：往空瓶子里装半瓶水，然后分别调入红墨水和蓝墨水。

第三步：把花枝的两半分别插入两个空瓶子里。

第四步：用一根小棍把未切开的花枝用线绑住，防止花枝折断。

第五步：把这枝花静置一夜，第二天早晨再来看看，花朵变成什么样子了?

1. 假如把红、蓝墨水换成食用色素，是否还能做成一朵双色花？

2. 根据同样的原理，把花枝切开成四支，分别插入四个盛有不同颜色的水杯里，是否能得到一枝四色花呢？

实验 大 揭秘

你可能不知道，看起来安安静静的植物，也会主动寻找养料。在这个实验中，石竹花并没有移动，但是花的颜色最终变成了蓝色和红色两种颜色，这是为什么呢？

原来，石竹花的花茎接触到墨水以后，就会主动吸收彩色的墨水。墨水通过微细的导管渗入植物的茎，通过叶脉进入叶片。每一条导管负责植物某个部分的水分供给。因此，当不同颜色的水通过各自的导管输送到叶子时，有的叶子变成红色，有的变成蓝色。

植物对营养的需求，是由它们的组成部分决定的。

植物通常由两种成分组成，水和干物质。水是地球上含量最丰富的液体，非常容易被植物吸收。

植物离开了水就很难存活，所以在水源匮乏的沙漠地区，几乎没有植物可以在那里生存，除了一些耐干旱的植物。在吸收水分的同时，植物把养料物质溶解在水中，然后输送至整个植物体内。

植物需要的干物质，主要是有机质和矿物质，其中有机质占90%~95%，而矿物质占5%~10%。植物体中的有机质主要为蛋白质和其他含氮化合物，以及脂肪、淀粉、蔗糖、纤维素和果胶等。这些物质都是由碳、氢、氧、氮等元素组成的。

植物对氮元素的需求量很大，但是获取能力不足，所以人们总是给作物施氮肥，这样作物就会成长得更快了。

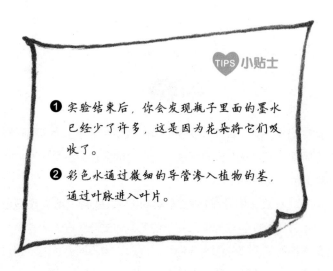

TIPS 小贴士

❶ 实验结束后，你会发现瓶子里面的墨水已经少了许多，这是因为花朵将它们吸收了。

❷ 彩色水通过微细的导管渗入植物的茎，通过叶脉进入叶片。

仙人掌能净化浑水吗？

仙人掌看上去可真是奇怪，手掌一样的叶片，上面长满了锐利的尖刺，让人不敢靠近。不过，有人说仙人掌可以净化水源，这是真的吗？

 材料准备

仙人掌1株、剪刀1把、小刀1把、杯子1个、木板1块

实验步骤 >>>>>>

第一步：用剪刀剪下一块新鲜的仙人掌，放在桌子上。

第二步：在仙人掌上用小刀割3-5道口子，注意不要弄伤手指。

第三步：用木板压住仙人掌，稍微用力压一下，使仙人掌流出汁液。

第四步：把仙人掌放入一杯浑水中，慢慢搅动3分钟，直到水里出现蛋花状的物体。

第五步：将杯子里的水静置半小时，然后再来观察一下，看看杯子里的水是否变得更清澈了。

 想一想

1.取出杯底沉积的物质，看看里面有什么。

———————————————————————————————

2.如果换成仙人球，是否能够净化浑水呢？

———————————————————————————————

实验大揭秘

仙人掌是一种十分常见的室内盆栽植物，它具有小型、耐旱、方便管理、观赏价值高等特点。仙人掌常生长于沙漠等干燥环境中，是多肉植物的一类。在窗台上摆放一盆小小的仙人掌，闲暇时分观赏一下，让人赏心悦目。

仙人掌的汁液有净化水的作用，在实验中，我们会发现，仙人掌的汁液进入水中以后，成为一种黏稠状的物体，看起来就像透明的鸡蛋花一样。当这些物体沉淀到水底的时候，杯内原本浑浊的水变得清澈了。

原来，仙人掌的液汁中有一些黏液，那是凝胶物质，具有吸附作用。当凝胶物质吸附了浑水里的脏东西后，就不能够保持原来在液汁中与水分的平衡分散状态了，而是聚成一团，沉积了下来，浑水就变得澄清了。

虽然仙人掌浑身布满尖刺，看起来很可怕，但其实它也是可以食用的。

几百年前，中医就已经把仙人掌列为一种药物了，后来人们又发

现了仙人掌的食用价值。

仙人掌含有丰富的矿物质、蛋白质、纤维素等，能帮助消除人体内多余的胆固醇，起到降低血糖、降低血脂、降血压之功效，有清热解毒、排毒生肌、行气活血等保健作用。

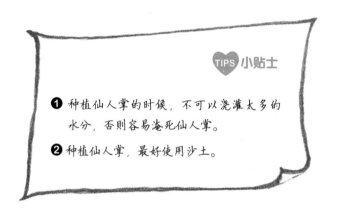

TIPS 小贴士

❶ 种植仙人掌的时候，不可以浇灌太多的水分，否则容易淹死仙人掌。

❷ 种植仙人掌，最好使用沙土。

大蒜可以驱赶害虫吗？

妈妈说大蒜不会生虫，因为大蒜有驱虫的效果，可以通过小实验验证一下吗？

 材料准备

蒜瓣2颗、水杯1个、捣蒜罐1个、滤网1个、喷壶1只、有害虫的花卉或树木1棵

实验步骤 >>>>>>

第一步：找到一棵有虫子的花草或树木，以它为对象，进行试验。

第二步：找出两颗蒜瓣，把里面的大蒜粒剥出来，放在捣蒜罐中全部捣烂，用清水浸泡2-3小时。

第三步：用滤网过滤几遍，滤清后将大蒜水倒入喷壶中。

第四步：用喷壶将蒜浆水喷洒在有虫害的花草或树木上。

第五步：每天早晚观察两次，看看花草或树木上是否还有小虫子。

想一想

1.假如捉住一只小虫子，在它身上喷上大蒜水，隔几个小时
　再去观察，小虫子是否还能生存？

———————————————————————————

2.尝一尝大蒜，说说是什么味道。虫子是不是也讨厌这股味
　道呢？

———————————————————————————

实验 **大** 揭秘

　　大蒜是一种常用的调味料，也是一款天然的杀菌剂。

　　大蒜在中国有着悠久的种植历史，公元前113年，汉朝出使西域的使者张骞就将大蒜从西域带回了中原地区。人们很早以前就已经认识到了大蒜的药用效果，中医认为大蒜具有调和脾胃的作用，可以促进消化，预防流感。

　　现代医学研究资料表明，大蒜确实含有一些对人体有益的成分。大蒜首先能够刺激胃黏膜，促进胃蠕动及胃酸分泌，起到健胃消食的作用。

　　此外，大蒜中含有一种名叫大蒜辣素的成分，具有杀菌作用，对金黄色葡萄球菌、痢疾杆菌、伤寒杆菌、副伤寒杆菌、霍乱弧菌、结核杆菌等有明显的抑制或杀灭作用，对白色念珠菌、隐球菌及多种真菌有抑制或杀灭作用，对阿米巴原虫、阴道滴虫等有抑制或杀灭作用，简直就是自然界中的抗生素。

由于大蒜具有良好的驱虫效果，所以人们制造了许多大蒜的相关制剂，其中的大蒜油可以杀灭蚜虫、红棉虫、白蝶毛虫、马铃薯甲虫幼虫等。

而大蒜制剂中的另一种有效成分——二硫代丙烯基可以杀灭蚊虫、苍蝇、马铃薯块茎蛾、红棕榈象鼻虫幼虫等。

平时，在抽屉里放几块大蒜，就可以有效预防蚊虫。

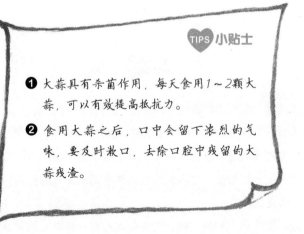

TIPS 小贴士

❶ 大蒜具有杀菌作用，每天食用1~2颗大蒜，可以有效提高抵抗力。

❷ 食用大蒜之后，口中会留下浓烈的气味，要及时漱口，去除口腔中残留的大蒜残渣。

如何用洋葱给手绢染色？

你知道吗？洋葱不但可以食用，还可以用来染色哦！

材料准备

洋葱3个、不锈钢锅1只、白色棉手绢2条、橡皮筋1把、塑料盆1只、明矾20克、滤网1只、电熨斗1台

实验步骤 >>>>>>>>

第一步：将洋葱的外皮剥下，放入锅中。加入大约500毫升的清水，煮沸20分钟后，会看到水变成很浓的红色。

第二步：把洋葱皮捞出来，用滤网过滤几遍，去除里面的杂质。

第三步：将两条手绢洗干净，用橡皮筋在其中一条上绑几个结。

第四步：把这两条手绢放入洋葱水中，小火慢煮15分钟，期间不要让水沸腾。

第五步：拿一只塑料盆，倒入250克水，再加上20克明矾，等明矾溶解后，把其中一条手绢放进水中。

第六步：5分钟后，取出手绢，用自来水冲洗一遍，并且解开橡皮筋。这时就可以看到美丽的图案了。

 想一想

1.把另一条没有浸泡过明矾水的手绢拿出，立即用清水冲洗，会褪色吗？

_____

2.如果把洋葱替换成鲜艳的花朵，是否也有染色效果呢？

_____

实验大揭秘

我们平时穿的衣服都是五颜六色的，你有没有想过这些颜色是怎么来的呢？

其实，人们现在用的五颜六色的布料，都是用化工合成的染料来染色的，而在科技水平不发达的古代，人们只能用植物来给布匹染色。在商朝和周朝，人们就已经掌握了一定的染色技术，并且不断提高。到了汉朝，染色技术已经达到了相当高的水平。

在实验中，我们用洋葱皮给手绢染色，因为洋葱皮中含有各种色素，经过水煮以后，这些色素溶解于水中，渗透到布的纤维中，就可以染色了。

但是刚刚印染好的手绢颜色很不稳定，如果把刚染好的手帕拿到清水中漂洗，你会发现刚染好的手绢又褪色了。所以，我们要让染色后的手绢浸泡到明矾溶液中，通过明矾使色素牢牢地附着在纤维上，就不会褪色了。

　　据记载，古人使用的植物染料主要有以下几种：茜草、红花、苏木，这些植物可以染出红色；郁金、荩草、栀子、姜金、槐，这些植物可以染出黄色；蓝草，可以染出靛蓝或青色；皂斗、乌桕，可以染出黑色；黄芦木，可以染出象牙色；莲子壳、苏木，则可以染出藕荷色。

　　古人正是从这些植物中取得色素，然后通过多种印染方法，制作出色彩绚丽的布料。

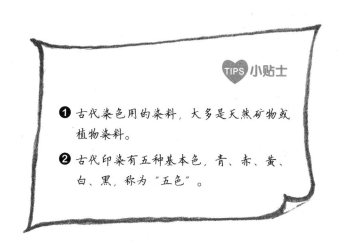

TIPS 小贴士

❶ 古代染色用的染料，大多是天然矿物或植物染料。

❷ 古代印染有五种基本色，青、赤、黄、白、黑，称为"五色"。

/ 实验总结
· · · · · · · · · · · · · · · · · · · ·

　　植物也是生命的一种形式，在地球上广泛存在。现在人们已经知道的植物种类就有几十万个物种，其中包括树木、青草、水藻、苔藓等。地球上最先出现的生命形式就是植物，它们最先出现在海里，后来才逐渐登陆上岸。

　　植物为某些食草动物提供了食物来源，而食肉动物又以食草动物为食物来源，植物成了食物链的最低端，为地球上的所有生物提供了生存的保障。

　　人类是杂食性动物，既吃植物，也吃动物。植物的叶子、果实、种子、根茎，都可能作为食物，例如我们食用的青菜，就是植物的叶子；我们食用的苹果，就是植物的果实；我们食用的花生，就是植物的种子；我们食用的萝卜，则是植物的根茎。

　　可以说，没有植物，就没有地球上丰富多彩、千姿百态的生命奇迹。

 试一试

自己购买一些种子，养成一束鲜花，等鲜花开放时，送给妈妈。